NOUVELLE THÉORIE DU MODULE

DANS LES MONUMENTS ANTIQUES.

NOUVELLE THÉORIE
DU MODULE

DÉDUITE DU TEXTE MÊME DE VITRUVE

ET

APPLICATION DE CETTE THÉORIE

A QUELQUES MONUMENTS DE L'ANTIQUITÉ GRECQUE ET ROMAINE,

Par M. AURÈS,

Ingénieur en Chef des Ponts et Chaussées, Membre de l'Académie
du Gard et Correspondant de la Société Archéologique
de Montpellier.

NIMES,

TYPOGRAPHIE CLAVEL-BALLIVET ET C°,

PLACE DU MARCHÉ, 8.

1862.

NOUVELLE THÉORIE DU MODULE

ET

APPLICATION DE CETTE THÉORIE

A QUELQUES MONUMENTS ANTIQUES.

PREMIÈRE PARTIE.

Nouvelle théorie du Module, déduite du texte même de Vitruve.

> « Ou bien Il (Phidias, considéré comme architecte du
> » Parthénon) avait une *donnée première* QUI NOUS ÉCHAPPE,
> » ou bien il lui a fallu un surprenant génie pour combiner
> » à l'avance des mesures si étrangères les unes aux autres,
> » et concevoir la beauté d'un tel ensemble ». (*Extrait
> d'un article publié par M. Émile Burnouf, dans la Revue
> des Deux-Mondes, livraison de décembre 1847, page 839*).
>
> « Les Grecs, dans leur architecture, ont admis un
> » *module*, on n'en saurait douter... Nous ignorons le
> » mécanisme harmonique de l'architecture grecque; nous
> » ne pouvons que constater ses résultats, SANS AVOIR DÉCOU-
> » VERT, JUSQU'À PRÉSENT, SES FORMULES. Nous reconnaissons
> » bien qu'il existe un *module*, des *tonalités* différentes,
> » des règles *mathématiques*, MAIS NOUS N'EN POSSÉDONS
> » PAS LA CLEF; et Vitruve ne peut guère nous aider en ceci,
> » car lui même ne *semble pas* avoir été initié aux formules
> » de l'architecture grecque des beaux temps, et ce qu'il
> » dit au sujet des ordres n'est pas d'accord avec les exem-
> » ples laissés par ses maîtres ». (*Extrait du Dictionnaire
> raisonné d'architecture de M. Viollet-le-Duc, au mot
> Echelle, page 143 et 144*).

En étudiant avec soin et comparant entre elles, dans trois mémoires spéciaux, les dimensions, maintenant bien connues, du grand temple de Pæstum, du Parthénon d'Athènes et du temple de Diane Leucophryne à Magnésie du Méandre, nous avons constaté, *en fait*, que les modules dont les constructeurs de ces antiques monuments se sont servis, ne se retrouvent pas, comme on le croit généralement, sur la base même des colonnes de leurs péristyles, mais correspondent, en réalité, à la section *moyenne* prise *au milieu* de la hauteur du fût de ces colonnes ; et ce premier résultat, une fois obtenu, nous a naturellement conduit à rechercher s'il doit être considéré seulement comme un fait isolé, ou s'il n'est pas au contraire plus conforme à la vérité de le regarder comme déduit d'une règle générale, également applicable à tous les monuments de l'antiquité grecque et romaine.

Tel est le problème que nous avons entrepris d'examiner et de résoudre dans le mémoire qu'on va lire.

Malgré l'opinion si défavorable à Vitruve que les architectes modernes n'ont pas craint d'adopter, que M. Viollet-le-Duc lui-même vient de reproduire, dans son *Dictionnaire raisonné*, au mot : *Echelle*, et que nous avons citée, en épigraphe, au commencement de ce mémoire, il nous a paru néanmoins, et nous persistons à croire, que les règles tracées par l'architecte Romain doivent continuer à faire loi, en cette matière, et leur autorité, dans la discussion actuelle, est tellement supérieure, selon nous, à toutes les théories modernes, que nous n'avons pas hésité à chercher, dans le texte latin, la solution du problème dont nous venons de faire connaître l'énoncé.

Voici d'abord ce qu'on trouve au commencement du second chapitre du livre III.

TEXTE DE VITRUVE.	TRADUCTION DE PERRAULT.
(*Lugduni — apud Joan. Tornaesium*, M.D.LIII).	(Paris, in-folio, M.DC.LXXIII).
Pycnostylos est cujus intercolumnio unius et dimidiatæ columnæ crassitudo interponi potest...	La proportion du pycnostyle est quand *l'entre-colonnement* a la *largeur* d'une colonne et demie...
Systylos est in qua duarum columnarum crassitudo in intercolumnio poterit collocari...	Le systyle est quand *l'entre-colonnement* a l'espace de deux colonnes...
Diastyli autem hæc erit compositio, cum trium columnarum crassitudinem intercolumnio interponere possumus...	L'ordonnance du diastyle doit être telle que les *entre-colonnements* aient les *diamètres* de trois colonnes...

Reddenda nunc est eustyli ratio, quæ maxime probabilis et ad usum et ad speciem et ad firmitatem rationes habet explicatas; namque facienda sunt in intervallis spatia duarum columnarum, *et quartæ partis columnæ* crassitudinis; mediumque intercolumnium, unum, quod erit in fronte, alterum, quod erit in postico, trium columnarum crassitudine.	Quant à l'eustyle, qui est la manière la plus approuvée et qui surpasse, sans difficulté, toutes les autres en commodité, beauté et fermeté, il se fait en donnant à *l'entre-colonnement la largeur* de deux colonnes avec la quatrième partie d'une colonne; en sorte toutefois que *l'entre-colonnement du milieu*, tant au devant qu'au derrière du temple, ait la *largeur* de trois colonnes.

Il est clair que ni ce texte, ni sa traduction, ne peuvent suffire pour donner la solution directe de la difficulté qui nous occupe, et que le problème se réduit, au contraire, à savoir avec exactitude, malgré le silence de Vitruve, qui ne se prononce pas à cet égard, ce qu'il a voulu exprimer par les mots :

Crassitudo columnarum,	Largeur des colonnes.
Spatia duarum columnarum.	Espace occupé par deux colonnes.
Intercolumnium.	Entre-colonnement.

En d'autres termes, il s'agit de décider, par des arguments pris en dehors du texte que nous venons de rapporter, si, dans l'opinion de Vitruve, les véritables largeurs des colonnes et des entre-colonnements doivent être mesurées au niveau des bases, comme on le fait aujourd'hui, sans une suffisante réflexion, ou s'il convient, au contraire, en thèse générale, de prendre ces mesures, comme on l'a fait autrefois à Magnésie, à Pæstum et au Parthénon, *au milieu même* de la hauteur du fût des colonnes.

Rappelons, à ce sujet, que l'œuvre de Vitruve a été dédiée à l'Empereur lui-même; que, par conséquent, elle n'était pas destinée à de modestes écoliers; qu'ainsi il ne faut pas s'attendre à y trouver les définitions rigoureuses des locutions les plus usuelles, telles que *intercolumnium, crassitudo columnarum* etc., etc., et qu'enfin, par la même raison, Vitruve pouvait supprimer, sans aucun inconvénient, dans son traité, toutes les considérations purement élémentaires.

— 8 —

Ces seules observations sont parfaitement suffisantes pour justifier, à nos yeux, le silence de Vitruve, dans la circonstance actuelle; il nous parait néanmoins certain que la lecture de son traité n'exige pas, en définitive, une connaissance trop approfondie des sciences mathématiques; et dès lors il semble bien permis de croire qu'avec un peu d'attention le véritable sens du texte pourra être facilement retrouvé, lorsque ce texte n'aura pas été altéré, et spécialement dans le cas actuel.

Il est d'abord évident qu'aucune difficulté ne peut exister, lorsque le fût des colonnes est cylindrique; car alors, quelle que puisse être la solution que l'on préfère, les résultats restent toujours identiques.

Si, par exemple, on conçoit une série de colonnes cylindriques, de 30^p de hauteur, sur 6^p de diamètre, laissant entre elles un espace vide de 9^p, ces colonnes présenteront incontestablement une ordonnance *pycnostyle*, suivant le langage de Vitruve *(cujus intercolumnio unius et dimidiatæ columnæ crassitudo interponi potest)*.

Mais si, sans rien changer aux dimensions et à l'espacement des bases, on vient à supposer, comme dans la figure suivante, les colonnes

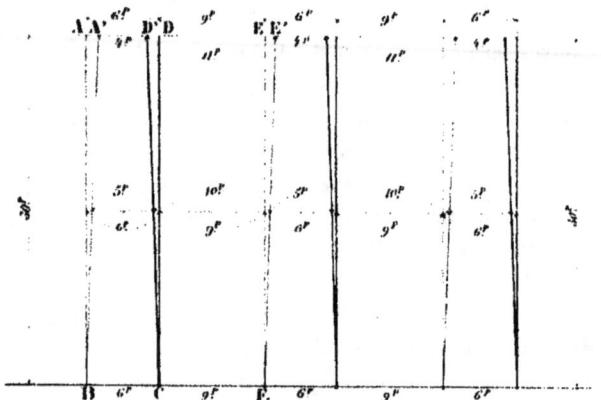

cylindriques remplacées par des colonnes coniques, ayant 4^p seulement de diamètre, dans leur partie supérieure, et 5^p par conséquent au milieu de leur hauteur, comme alors les entre-colonnements mesurés au milieu de cette hauteur deviendront égaux à 10^p, la question sera de savoir si cette nouvelle ordonnance doit être considérée encore comme pycnostyle, dans l'opinion de Vitruve, ou si elle est systyle (*in qua duarum columnarum* crassitudo *in* intercolumnio *poterit collocari*); la première de ces deux solutions devant être préférée, si les véritables mesures de la colonne et de l'entre-colonnement doivent être prises au niveau des bases, et la seconde devant être adoptée, au contraire, si ces mesures doivent être prises au milieu même de la hauteur.

Aucun des nombreux commentateurs de Vitruve n'a pris la peine d'examiner cette question, et ils regardent tous, comme parfaitement certain, que c'est à la première solution qu'il y a lieu de donner la préférence.

Ainsi, suivant eux (et cette opinion, il faut l'avouer, est aujourd'hui généralement admise), des colonnes cylindriques et des colonnes coniques de même hauteur, doivent être considérées comme ayant une même largeur, et, par conséquent, comme égales, dès qu'elles ont une même base! Suivant eux encore, un entre-colonnement rectangulaire doit être considéré comme égal à un entre-colonnement trapézoïdal de même base et de même hauteur!!

Cependant, dans l'hypothèse où nous venons de nous placer, l'entre-colonnement rectangulaire CDEF a 270^p seulement de superficie (30^p × 9), tandis que l'entre-colonnement trapézoïdal CD'E'F mesure 300^p carrés (30^p × 10); mais peu importe, les traducteurs n'y regardent pas de si près.

Et, néanmoins, Vitruve ne dit pas un seul mot qui puisse autoriser à admettre de pareilles hérésies. Tout, au contraire, dans son texte, exclut, ainsi qu'on va le voir, la possibilité d'une semblable interprétation.

Nous concèderons, s'il le faut, que cet auteur ne mérite pas d'être compté parmi les grands artistes de son époque, pourvu que nos contradicteurs veuillent bien reconnaître, à leur tour, qu'il avait étudié assez de géométrie pour ne pas ignorer que deux trapèzes de même hauteur ne sont pas égaux, par cela seul qu'ils ont même base.

Mais, s'il en est ainsi, si Vitruve et tous ses lecteurs d'autrefois savaient mesurer (comme il n'est pas permis d'en douter) la véritable largeur des trapèzes à égale distance de leurs bases, il est clair aussi qu'il devaient prendre, au milieu de la hauteur des colonnes, la *véritable longueur* des entre-colonnements et la *véritable largeur* des colonnes elles-mêmes; d'où il faut conclure, en dernier lieu, que les mots : *intercolumnium* et *crassitudo columnarum* ne pouvaient avoir pour eux que cette signification précise.

En conséquence, et nous le démontrerons tout à l'heure d'une manière plus concluante, tant que les diamètres *moyens* et les entre-colonnements *moyens* ne varient pas, l'ordonnance d'un péristyle doit être considérée, d'après Vitruve, comme invariable, *quelles que soient les variations du talus des colonnes;* car il résulte incontestablement de la seule inspection de la figure suivante que les surfaces des deux trapèzes

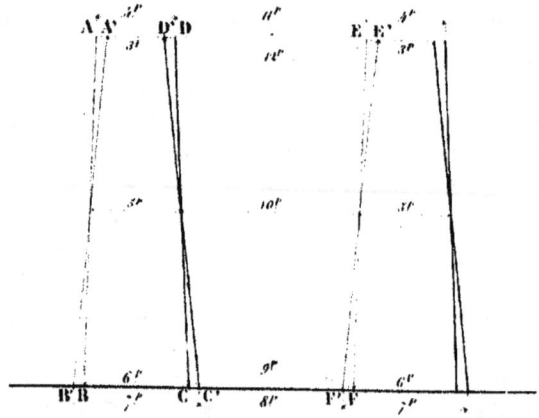

ABCD et CDEF sont alors respectivement égales à celles des trapèzes A'B'C'D' et C'D'E'F', bien que les diamètres *des bases* des colonnes et les intervalles qui séparent ces bases entre elles soient finalement très-différents les uns des autres.

Sans doute, les surfaces de ces trapèzes ne sont pas *identiques*, puisqu'elles ne peuvent pas être superposées, mais elles n'en sont pas moins *égales*, en ce sens qu'elles contiennent, les unes et les autres, identiquement le même nombre de pieds carrés.

Il est facile maintenant de comprendre que si Vitruve mesure, en effet, comme nous venons de l'expliquer, les véritables largeurs des colonnes et des entre-colonnements *au milieu de la hauteur des colonnes*, et s'il interprète, en conséquence, comme nous, les mots : *intercolumnium* et *crassitudo columnarum*, ces mêmes mots ne peuvent pas suffire SEULS pour exprimer les longueurs mesurées *au niveau des bases*; et, en effet, on peut constater, sans beaucoup de peine, en continuant à lire le chapitre dont nous discutons actuellement le texte, que Vitruve prend toujours la précaution d'écrire alors : IMA *crassitudo*, IMUS *scapus*, comme, par exemple, dans le passage suivant :

TEXTE DE VITRUVE.	TRADUCTION DE PERRAULT.
Contractura autem in summis columnarum hypotracheliis ita faciendæ videntur, uti, si columna sit ab minimo ad pedes quinosdenos, ima crassitudo *dividatur in partes sex, et earum partium quinque summa constituatur. Item quæ erit ab quindecim pedibus ad pedes viginti*, scapus imus *in partes sex et semissem dividatur, ex earumque partium quinque et semisse* superior crassitudo columnæ fiat. *Item quæ erunt a pedibus viginti ad pedes triginta*, scapus imus *dividatur in partes septem, earumque sex summa contractura perficiatur.*	Vers le haut des colonnes qui est comme leur col, il faut faire aussi une diminution, en telle sorte que, si les colonnes sont longues de quinze pieds, on divisera le diamètre d'en bas en six parties, afin d'en donner cinq au haut; de même qu'en celle qui sera de quinze à vingt pieds, *le bas de la tige sera divisé en six et demi, afin d'en donner cinq et demi au haut; et aussi celle qui aura de vingt à trente pieds, le bas de la tige sera divisé en sept, afin que le haut soit diminué jusqu'à six.*
Quæ autem ab triginta pedibus ad quadraginta alta erit, ima crassitudo *dividatur in partes septem et dimidium, ex his sex et dimidium in summo habeat, contracturæ ratione.*	Mais en celle qui sera haute depuis trente jusqu'à quarante pieds, le bas sera divisé en sept et demi, pour en donner six et demi au haut.

On trouve encore, dans le même chapitre, un autre passage où les mots *imus scapus* sont employés dans le même sens, et d'une manière beaucoup plus concluante. Voici le texte complet de ce passage, avec la traduction en regard.

TEXTE DE VITRUVE.	TRADUCTION DE PERRAULT.
Ædibus aræostylis columnæ sic sunt faciendæ, uti crassitudines earum sint partis octonæ ad altitudines. Item, in dyastylo, demetienda est altitudo columnæ in partes octo et dimidiam, et unius partis columnæ crassitudo collocetur. In systylo, altitudo dividatur in novem et dimidiam partem, et ex eis una ad crassitudinem columnæ detur. Item in pycnostylo, dividenda est altitudo in partes decem, et ejus una pars facienda est columnæ crassitudo. Eustyli autem ædis columnæ (ut diastyli) in octo partes altitudo dividatur et dimidiam, et ejus una pars constituatur in crassitudine IMI SCAPI; *ita habebitur pro rata parte intercolumniorum ratio. Quemadmodum enim crescunt spatia inter columnas, ita proportionibus adaugendæ sunt crassitudines scaporum.*	Les colonnes de l'aréostyle doivent avoir leur *grosseur* de la huitième partie de leur hauteur. Pour le diastyle, il faut diviser la hauteur de la colonne en huit parties et demi et en donner une à la *grosseur* de la colonne. A l'égard du systyle, la hauteur de sa colonne doit être divisée en neuf et demi, pour en donner une à sa *grosseur*. Tout de même au pycnostyle, il faut diviser la hauteur en dix parties et faire que la *grosseur* de la colonne en soit une partie. Les colonnes, en l'eustyle, doivent être divisées en huit parties et demie, comme au Diastyle, afin que sa tige ait PAR LE BAS la grosseur d'une partie, faisant l'entre-colonnement large à proportion de cette partie. Car, à proportion qu'on fait les entre-colonnements larges, il faut aussi grossir les colonnes.

La règle posée par Vitruve, dans cette circonstance spéciale est, on peut le dire, aussi simple que rationnelle, et, par conséquent, il est rigoureusement impossible d'admettre qu'il la viole lui-même dans les exemples qu'il donne. Cependant si, en thèse générale, les diamètres des colonnes doivent augmenter à mesure que les entre-colonnements augmentent, s'il faut donner effectivement à ces diamètres une partie de la hauteur de la colonne divisée en neuf parties et demie, ou, en d'autres termes, s'il faut leur donner les 2/19, ou encore les 0,1052 de la hauteur des colonnes, dans l'ordonnance systyle, c'est-à-dire lorsque les entre-colonnements sont égaux à deux diamètres; s'il faut leur donner, de même, les 2/17, soit les 0,1176 de la hauteur, dans l'ordonnance diastyle, lorsque les entre-colonnements sont égaux à trois diamètres, il est évident que, dans l'ordonnance eustyle, lorsque les entre-colonnements seront égaux à 2 diamètres 1/4 seulement, le diamètre des colonnes devra être plus rapproché de la proportion indiquée pour le *systyle* que de celle qui correspond au *diastyle*; et si enfin, dans de pareilles conditions, nous voyons Vitruve déterminer le *diamètre* DE LA BASE de l'eustyle précisément de la même manière que *le diamètre* DE LA COLONNE du diastyle, la conséquence forcée de cette détermination doit être que le *diamètre de la base* et le *diamètre de la colonne* sont deux choses complètement différentes.

Quel est donc finalement, d'après Vitruve, le *diamètre de la colonne*, dans l'ordonnance eustyle, lorsque le diamètre de *la base* est égal, suivant la règle qu'il donne, aux 0,1176 de la hauteur de la colonne ?

D'après une autre règle précédemment transcrite, le diamètre *moyen* doit être égal, dans ce cas, à cinq parties et demie sur six, à six sur six et demie, à six et demie sur sept etc., ou, en d'autres termes, aux $\frac{11}{6}$, aux $\frac{12}{6}$, aux $\frac{13}{6}$, etc., du diamètre *de la base*, suivant que les colonnes ont moins de 15 pieds de hauteur,

de 15 à 20 pieds

de 20 à 30 pieds, etc.;

ce qui donne, pour le diamètre *moyen* d'une colonne dont la base est égale aux 0,1176 de la hauteur,

Dans le 1er cas : 0,1078

Dans le 2e — 0,1085

Et dans le 3e — 0,1094 de la hauteur totale ;

et ces valeurs, qui se rapprochent en effet beaucoup plus, ainsi que nous l'avons déjà prévu, du coefficient 0,1052 attribué à l'ordonnance systyle, que du coefficient 0,1176 attribué à l'ordonnance diastyle, suffisent, à notre avis, pour démontrer que, dans l'opinion de Vitruve, la véritable mesure *du diamètre de la colonne* doit être prise, comme nous l'avons déjà dit, sur son diamètre *moyen*.

Malgré l'incontestable vérité de cette explication, entrons, s'il le faut, plus avant dans le débat, et rappelons d'abord ce que Vitruve dit au commencement du second chapitre de son troisième livre.

TEXTE DE VITRUVE.	TRADUCTION DE PERRAULT.
Systylos est in qua duarum columnarum crassitudo in intercolumnio poterit collocari, et spirarum plinthides œque magnæ sint eo spatio quod fuerit inter duas plinthides.	Le systyle est quand l'entre-colonnement a l'espace de deux colonnes et que les plinthes de leurs bases sont égales à l'espace qui est entre les plinthes.

Perrault, qui donne pour ce passage la traduction qu'on vient de lire, enlève ensuite à cette traduction tout le mérite de son exactitude, en ajoutant la note que voici :

» Il suit de là que l'empâtement des bases déborde toujours de la
» moitié du diamètre de la colonne, c'est à dire du quart de chaque côté ;
» *ce qui ne se trouve point avoir été pratiqué dans les restes que nous*
» *voyons de l'antiquité*, où le débordement de l'empâtement des bases
» ioniques et corinthiennes ne va que jusqu'à la 3e partie du diamètre ».

Fort heureusement, comme on le verra tout à l'heure, ce n'est pas Vitruve qui se trompe, dans la circonstance actuelle.

Cependant personne encore n'a hésité, lorsqu'il a fallu choisir entre l'autorité de Vitruve et celle de Perrault. Les assertions de ce dernier architecte ont même été considérées, jusqu'ici, comme tellement incontestables que M. Viollet-le-Duc lui-même n'a pas craint de reproduire, dans le *Dictionnaire* qu'il publie, des affirmations de la nature de celle-ci : « Et Vitruve ne peut guère nous aider ; car lui-même ne semble pas
» avoir été initié aux formules de l'architecture grecque des beaux
» temps, et ce qu'il dit au sujet des ordres *n'est pas d'accord* avec les
» exemples laissés par ses maîtres ».

Toutefois, et malgré de semblables assertions, nous n'hésitons pas à le déclarer, non-seulement il est inexact de soutenir, avec Perrault, que Vitruve s'est trompé en affirmant que, dans l'ordonnance systyle, la longueur de la base des colonnes est égale à *une fois et demie* le diamètre réel, ou en d'autres termes, à trois fois le rayon *moyen*; non seulement aussi il est inexact de croire, avec M. Viollet-le-Duc, que Vitruve n'a pas été initié aux formules des beaux temps de l'architecture grecque, et que ce qu'il dit au sujet des ordres n'est pas d'accord avec les exemples laissés par les maîtres ; mais il est, au contraire, parfaitement certain que ce savant compilateur avait entre ses mains, lorsqu'il a écrit son traité, tout ce qui avait été publié avant lui sur l'architecture ; que par conséquent il ne suffit pas de dire qu'il ne s'est pas trompé, et qu'on doit aller jusqu'à reconnaître qu'il n'a pas pu se tromper.

Sans doute il existe encore, dans le texte latin tel qu'il est parvenu jusqu'à nous, quelques passages altérés, quelques-uns mêmes que l'on ne comprend pas du tout, malgré les efforts des commentateurs ; mais cela ne doit pas empêcher de reconnaître que ceux de ces passages qui sont aujourd'hui les plus obscurs devaient être parfaitement clairs pour les contemporains de Vitruve, et que, s'il n'en est plus de même pour nous, il ne faut l'attribuer certainement, ni à l'ignorance, ni au défaut d'habileté de l'architecte romain, mais qu'il faut en chercher l'unique cause dans notre propre insuffisance ou dans l'altération du texte.

Aussi voyons-nous les parties, considérées jusqu'ici comme les plus obscures, s'éclaircir chaque jour davantage, grâce à de nouvelles recherches, à une connaissance plus approfondie de l'antiquité et surtout à une critique plus sévère.

Ainsi, par exemple, un savant antiquaire, M. Auguste Pelet, vient d'expliquer d'une manière tellement complète toute la partie du v° livre qui se rapporte aux théâtres, que l'on peut affirmer maintenant, bien que cette partie fût restée jusqu'à présent à peu près inintelligible, malgré la traduction de Perrault, qu'elle est devenue, tout d'un coup, l'une des plus instructives et des plus certaines.

C'est en faisant l'application du texte latin au théâtre antique d'Orange, le mieux conservé de tous ceux qui nous restent, que M. Auguste Pelet est parvenu à montrer combien le texte de Vitruve avait été mal interprété par ses premiers traducteurs ; il a prouvé notamment que Vitruve n'a jamais confondu le *pulpitum* avec le *proscenium*, comme Perrault l'a dit à tort, et comme tous les auteurs modernes l'ont répété après lui ; qu'il n'a pas confondu davantage le mot *scena* (scène) avec le mot *ornatus* (décoration), et par conséquent qu'il n'a jamais prétendu, comme Perrault l'a cru et l'a fait croire, que les anciens n'avaient que trois espèces de décorations. M. Pelet prouve surtout victorieusement, malgré l'opinion contraire de Perrault, qu'il n'y a rien à corriger au texte actuel, dans le passage où il est question de la hauteur assignée aux colonnes intérieures du portique placé derrière la scène ; et enfin, bien que la disposition de cette dernière partie de l'édifice fût en dehors de l'objet particulier que se proposait l'architecte romain, le même antiquaire parvient néanmoins à trouver, dans le texte de son traité, les moyens de déterminer avec certitude le véritable emplacement des *Trigones*, que personne ne connaissait avant lui.

Lorsqu'on parcourt le théâtre d'Orange, le texte de Vitruve à la main et en écoutant, en même temps, les explications données par notre consciencieux archéologue, il devient impossible de nier leur incontestable évidence, et c'est après en avoir reconnu l'entière exactitude que nous avons été conduit nous-même à entreprendre le travail dont nous rendons compte en ce moment ; car ce qui vient d'être fait, avec tant de bonheur, pour les passages relatifs aux théâtres, nous a paru susceptible d'être tenté, avec la même chance de succès, pour les autres parties du texte, et particulièrement pour celles qui renferment la théorie du système modulaire.

Voyons donc en définitive, avant de nous prononcer entre Perrault et Vitruve, quelle est, dans l'ordonnance systyle, d'après le plus ancien de ces auteurs, la véritable expression de la saillie des bases sur le diamètre *inférieur* des colonnes.

Si le diamètre *moyen* est pris pour unité, l'entre-colonnement est égal à 2, et l'entre-axe devient alors égal à 3. D'un autre côté, la longueur des bases des colonnes doit être égale à 1 et 1/2 et par conséquent enfin l'intervalle compris entre deux bases est aussi égal à 1 et 1/2. Ce sont là les véritables données du problème, celles que Vitruve indique lui-même formellement, les seules par conséquent qu'il nous soit possible d'admettre.

Quel doit être maintenant le diamètre *inférieur* de la colonne ?

Il est égal, en suivant toujours les indications fournies par Vitruve, à un diamètre *moyen* $+ \frac{1}{n}$ de ce diamètre, lorsque les colonnes ont moins de 15 pieds de hauteur; par conséquent il doit être représenté, dans ce cas particulier, par la fraction $\frac{12}{11}$, si le diamètre moyen continue à servir d'unité principale.

Cela posé, et la longueur des bases des colonnes étant égale à $\frac{3}{2}$, comme nous l'avons déjà dit, il est parfaitement permis de prendre :

Pour expression de cette longueur des bases : $\frac{33}{22}$ au lieu de $\frac{3}{2}$,

Et pour expression du diamètre inférieur : $\frac{24}{22}$ au lieu de $\frac{12}{11}$.

Mais ces nouvelles expressions, $\frac{33}{22}$ et $\frac{24}{22}$, qui sont maintenant comparables, suffisent pour démontrer que la longueur de la base, égale à $\frac{33}{22}$, excède le diamètre inférieur, égal à $\frac{24}{22}$, de $\frac{9}{22}$ seulement, et par conséquent enfin pour faire voir que la saillie totale des bases est égale aux $\frac{9}{22}$, c'est-à-dire aux $\frac{3}{8}$ de ce diamètre inférieur.

Or, c'est là précisément la proportion indiquée par Vitruve lui-même, dans le chapitre qui suit celui que nous analysons, où il dit en effet, en termes formels, que la saillie des bases sur le diamètre *inférieur* doit être réglée en prenant le *quart* plus le *huitième* de ce diamètre.

Qu'on ne vienne donc plus répéter, avec Perrault, qu'il y a des contradictions dans le texte de Vitruve, puisqu'il n'en existe, en effet, que pour ceux qui ne savent pas comprendre ce texte, et puisqu'il n'en existe aucune surtout lorsque Vitruve dit, tantôt que la longueur des bases doit être égale à une fois et demi *le diamètre* des colonnes, et tantôt qu'elle doit être égale à une fois le *diamètre inférieur* plus les 3/8 de ce diamètre; car ces indications sont absolument identiques (1), lorsqu'on interprète comme il convient les mots : *crassitudo columnarum*, et lorsqu'on les regarde, avec nous, comme signifiant exactement : *le diamètre moyen*.

---

(1) Pour que cette identité soit parfaite, il faut nécessairement, ainsi que nous l'avons déjà fait observer, que la hauteur des colonnes soit inférieure à 15ᵖ.

Lorsque cette limite est dépassée, la proportion entre le diamètre *moyen* et le diamètre *inférieur* varie un peu, le coefficient $\frac{12}{11}$ devant être remplacé alors par $\frac{13}{12}$ ou par $\frac{14}{13}$ suivant le cas; par conséquent, dans cette nouvelle hypothèse, les deux règles ne sont plus mathématiquement égales, quoique se rapprochant toujours beaucoup l'une de l'autre.

Il est évident que, dans l'opinion de Vitruve, la règle qui consiste à prendre la

Qu'on ne vienne donc plus prétendre surtout que les règles de Vitruve ne sont pas celles qui ont été constamment pratiquées par les meilleurs architectes de l'antiquité, et particulièrement par les architectes grecs; car c'est, au contraire, aux temples grecs que les règles tracées par Vitruve s'appliquent de la manière la plus incontestable.

Les constructions d'ordre Dorique grec sont, en effet, essentiellement d'ordonnance pycnostyle, puisqu'elles comprennent, dans la longueur d'un entre-axe, d'une part, deux triglyphes et deux métopes ayant chacune un triglyphe et demi de longueur, suivant les règles de Vitruve, soit ensemble cinq triglyphes, et puisqu'elles comprennent, d'autre part, suivant les mêmes règles, dans la longueur de leur entre-axe, un diamètre *moyen* égal à deux triglyphes et un entre-colonnement *moyen* égal à trois triglyphes ou à deux métopes, ensemble cinq triglyphes. D'où il résulte bien évidemment que ceux qui s'obstinent à prendre leur module sur le diamètre *inférieur* des colonnes ne peuvent jamais trouver les entre-colonnements égaux à une fois et demi ce diamètre, sans que rien les autorise cependant à dire que les règles de Vitruve ne s'appliquent pas aux constructions de l'architecture grecque. Il est certain, au contraire, s'ils voulaient y réfléchir un seul instant, qu'ils ne tarderaient pas à reconnaître que, puisqu'on trouve dans tous les temples grecs l'entre-colonnement mesuré au niveau des bases *plus petit* qu'une fois et demi le diamètre *inférieur* des colonnes, et puisque, d'un autre côté, Vitruve déclare, en termes formels, que dans l'ordonnance pycnostyle, c'est-à-dire dans celle où les colonnes *sont le plus rapprochées*, l'entre-colonnement doit être *égal* à une fois et demi le *diamètre* des colonnes, la conséquence nécessaire de ce double fait est que Vitruve ne mesure pas plus la longueur des entre-colonnements au niveau des bases, qu'il ne confond le diamètre *inférieur* avec le *véritable* diamètre des colonnes.

longueur des bases égale à une fois et demi le diamètre *moyen*, doit être exclusivement appliquée à l'ordonnance systyle, afin de laisser toujours, dans ce cas particulier, la longueur des intervalles rigoureusement égale à celle des bases, et qu'au contraire la règle qui consiste à prendre, pour la longueur des bases, un diamètre *inférieur*, plus les 3/8 de ce diamètre, doit être préférée dans tous les autres cas.

Et la discussion une fois ramenée à ces termes serait bien près d'être finie, car il ne resterait plus alors qu'à s'élever jusqu'au milieu même de la hauteur des colonnes pour y trouver, tout à la fois, la proportion indiquée par Vitruve et, par conséquent aussi, les véritables mesures du diamètre et des entre-colonnements.

Il est indispensable, néanmoins, d'ajouter ici quelques explications ayant pour but de prévoir et de réfuter, par avance, les objections que l'on pourrait nous faire, si nous négligions d'insister sur les détails qui vont suivre.

La première de ces observations est relative à la difficulté que les anciens systèmes métriques présentaient, dans la plupart des cas, lorsqu'il fallait diviser, comme dans l'ordonnance pycnostyle, une longueur donnée en *cinq* parties égales.

Admettons, par exemple, des entre-axes de 10 ou de 15 pieds, toutes ces difficultés disparaissent, car on trouve alors :

pour les triglyphes, dans le premier cas, 2ᵖ et dans le second 3ᵖ ;
pour les métopes   —   3ᵖ   —   4ᵖ 1/2 ;
pour les diamètres moyens égaux à deux
     triglyphes.................... 4ᵖ   —   6ᵖ ;
et enfin, pour les entre-colonnements
     moyens égaux à deux métopes...... 6ᵖ   —   9ᵖ.

Mais, dans tous les autres cas, c'est-à-dire pour des entre-axes de 11ᵖ, de 12ᵖ, de 13ᵖ et de 14ᵖ, *aucune* de ces divisions ne peut être faite *avec exactitude*.

Considérons spécialement un entre-axe ayant 14ᵖ de longueur totale, comme au Parthénon (et l'autorité d'un pareil exemple ne pourra être contestée par personne), l'entre-axe des triglyphes sera égal à 7ᵖ, ou, en d'autres termes, à 28 palmes ; et comme, pour régler les longueurs des triglyphes et des métopes, il faut diviser, suivant la règle de Vitruve, cette longueur de 28 palmes en deux parties qui doivent se trouver entre elles dans le rapport de 2 à 3, il est clair que cette division devient alors *impossible*, le nombre 28 n'étant pas divisible par 5.

Si la longueur à diviser s'était trouvée égale à 30 palmes, au lieu de

28, les triglyphes auraient eu certainement, suivant la règle, 12 palmes et les métopes 18 ; mais, comme il fallait retrancher en définitive 2 palmes du total égal à 30 palmes, on s'est naturellement contenté, *dans la pratique*, de retrancher un palme au triglyphe et une égale longueur à la métope, de manière à donner, *en nombres ronds*, aux triglyphes 11 palmes et aux métopes 17, parce qu'il était impossible, on le répète, de faire mieux ; et c'est, sans le moindre doute, pour cette seule raison que les triglyphes et les métopes du Parthénon sont entre eux dans le rapport *exact* de 11 à 17, au lieu d'être, suivant la règle ordinaire, dans le rapport de 2 à 3, ou de 12 à 18 :

C'est donc là ce qui fait qu'on trouve, sur les façades de ce monument :

Pour la longueur de l'entre-axe des colonnes $4^M,300$ soit 14^P ;
Pour celle de l'entre-axe des triglyphes .... $2^M,150$ soit 7^P ;
Pour la longueur d'un triglyphe .... $0^M,845$ soit 11^P ;
Et pour celle d'une métope.............. $1^M,305$ soit 17^P.

Il n'en faut pas moins reconnaître, cependant, que si les ouvriers de Phidias avaient eu, comme nous, entre leurs mains, un mètre divisé en *100 centimètres*, la longueur totale de $2^M,15$ attribuée à l'entre-axe des triglyphes aurait été incontestablement divisée, suivant la règle ordinaire en .... $0^M,86$ pour le triglyphe,
et une fois et demie $0^M,86$, soit... $1^M,29$ pour la métope.

Ensemble........ $2^M,15$.

Mais ces ouvriers n'avaient et ne pouvaient avoir à leur disposition que des pieds grecs divisés en 4 palmes ; et, dans une pareille situation, il a fallu se contenter de donner, en opérant aussi exactement que possible :   11 palmes au triglyphe, soit $0^M,845$
et 17 palmes à la métope, soit $1^M,305$

Ensemble.... 28 palmes,   soit $2^M,150$

Est-on autorisé maintenant à soutenir, en présence de ces explications, que la règle suivie par Phidias n'était pas connue de Vitruve, ou que les deux règles diffèrent l'une de l'autre? Evidemment non, alors surtout que le traité de Vitruve contient, dans son texte, la recommandation expresse d'agir, *dans la pratique*, comme Phidias l'a fait au Parthénon.

On sait, en effet, que le savant professeur Romain s'exprime de la manière suivante, dans le second chapitre de son sixième livre :

Cum ergo constituta symmetriarum ratio fuerit, et commensus ratiocinationibus explicati, tunc etiam acuminis est proprium providere ad naturam loci, aut usum, aut speciem, et detractionibus vel adjectionibus temperaturas efficere, uti, cum de symmetria sit detractum aut adjectum, id videatur recte formatum, in aspectuque nihil desideretur.

Les mêmes règles ont été incontestablement appliquées à la détermination des diamètres des colonnes du Parthénon; car la division *exacte* des entre-axes totaux, en 1 et 1 1/2, est aussi impossible que celle des entre-axes des triglyphes, ces entre-axes totaux étant égaux à 14ᵖ ou, en d'autres termes, à 56 palmes; et comme cette dernière expression *n'est* pas divisible par 5, on a dû prendre naturellement :

Pour le diamètre *moyen*, 22 palmes ou 2 triglyphes, soit.............................. 5ᵖ et demi = 1ᴹ,690 (1)

Et pour l'entre-colonnement *moyen*, 34 palmes ou deux métopes, soit .... 8ᵖ et demi = 2ᴹ,610

Ensemble............... 14ᵖ = 4ᴹ,300

sans qu'un pareil mode de division puisse empêcher de considérer le Parthénon comme un temple essentiellement pycnostyle, suivant la théorie de Vitruve.

---

(1) Il est facile, en effet, de s'assurer qu'au Parthénon le diamètre inférieur des colonnes est égal à.. 1ᵐ901
et le diamètre supérieur à.. 1ᵐ479
ce qui donne, en définitive, pour le diamètre moyen, $\frac{1^m901 + 1^m479}{2}$ = 1ᵐ690

Mais, pour obtenir ce résultat, il est nécessaire d'opérer, non sur les diamètres *apparents*, tels qu'ils sont donnés *par les élévations*, mais sur les diamètres *réels*, tels qu'on les mesure, *en plan*, entre les angles *saillants* de deux cannelures *opposées*.

La seconde observation, sur laquelle il nous paraît nécessaire d'insister maintenant, se rapporte aux plus anciens monuments de l'architecture.

Vitruve dit que l'ordonnance dont les colonnes sont *le plus rapprochées* est l'ordonnance pycnostyle, et par conséquent, dans son opinion, on ne doit pas construire de temples ayant leurs entre-colonnements *moyens* plus petits qu'une fois et demi le diamètre *moyen* des colonnes.

Cependant, s'il faut en croire les auteurs, les entre-colonnements du temple de Diane, à Syracuse, sont moins larges que le diamètre des colonnes *à leur base;* ce qui signifie, sans doute, que dans ce cas particulier les entre-colonnements *moyens* sont égaux à un diamètre *moyen*, et il convient aussi d'ajouter qu'il existe probablement encore d'autres temples dont les entre-colonnements sont réglés d'une manière analogue.

Faut-il en conclure que Vitruve ne connaissait pas ces antiques monuments? Nous ne le pensons pas, car il n'écrivait pas un traité d'archéologie et ne se proposait pas de faire connaître les règles suivies longtemps avant lui, son unique but, au contraire, étant d'indiquer celles que l'on était dans l'usage de suivre, au moment même où il écrivait.

Sans doute, il n'ignorait pas que, dans des temps plus reculés, les colonnes avaient été rapprochées jusqu'au point de rendre leurs entre-colonnements égaux à leurs diamètres. Mais comme, en définitive, un pareil enseignement n'était pas celui qu'il se proposait de donner à ses lecteurs, il a très-bien pu se contenter de tracer les règles pratiques applicables au siècle dans lequel il a vécu, sans qu'il soit permis cependant de l'accuser d'erreur ou seulement d'insuffisance, et il en est encore de même, très-certainement, pour tous les autres cas analogues.

On peut donc considérer comme inutile d'insister plus longtemps sur cette tardive justice que nous proposons de rendre à Vitruve; néanmoins, il nous semble indispensable d'appeler un instant l'attention sur le passage qui termine le chapitre dont nous avons entrepris l'étude.

Voici d'abord le texte de ce passage avec la traduction en regard.

TEXTE DE VITRUVE.	TRADUCTION DE PERRAULT.
De adjectione, quæ adjicitur in mediis columnis, quæ apud Græcos ἔντασις appellatur, in extremo libro erit formata ratio ejus, quemadmodum mollis et conveniens efficiatur.	Pour ce qui est de l'accroissement qu'on ajoute au milieu des colonnes qui est appelé par les Grecs Entasis, j'en mets une figure à la fin de ce livre, afin de donner à entendre la méthode qu'il y a de le rendre, comme il faut, doux et imperceptible.

Peu de textes ont été plus commentés que celui-ci, et, par conséquent aussi, il n'y en a pas dont le sens ait été altéré davantage.

Sa véritable signification est claire et précise ; mais les commentateurs ne s'accommodent pas de ce qui est clair et précis, car leur intervention devient alors inutile.

Ils se sont donc mis à l'œuvre, et leur premier soin a été de prouver que l'accroissement dont il s'agit ne doit pas être porté *au milieu même* des colonnes. Pour eux, en effet, les mots *in mediis columnis* signifient AU TIERS *de la hauteur*.

Ecoutons, sur ce point, les explications de Perrault :

« Le milieu ne doit pas être entendu comme étant également distant
» des deux extrémités, mais seulement comme leur étant simplement
» opposé, et en ce sens que ce qui n'est point extrémité peut être ap-
» pelé le milieu ».

Ainsi le milieu d'une colonne peut être partout où l'on voudra, pourvu qu'il ne soit pas à l'une des extrémités.

Une pareille définition a certainement le mérite d'ouvrir une large voie aux explications des commentateurs ; mais, par une raison inverse, elle n'est pas susceptible de faire connaître bien exactement aux architectes la véritable pensée de Vitruve ; et comme il fallait pourtant leur indiquer, en définitive, la position du diamètre auquel ils doivent ajouter l'accroissement attribué aux colonnes, les commentateurs se sont mis une fois de plus à l'œuvre, et ont fini par découvrir qu'il convient de placer *le milieu* des colonnes, suivant les uns, *au tiers*, et suivant les autres, aux *trois septièmes* de leur hauteur totale. Bien plus, comme ils ont déjà prouvé, à leur manière, que *la grosseur* d'une colonne doit être mesurée sur son *diamètre inférieur*, comme c'est à *cette grosseur* elle-même qu'une certaine quantité doit être ajoutée pour produire le galbe, ils se sont finalement décidés à placer, les uns au tiers, les autres aux trois septièmes de la hauteur des colonnes, un diamètre PLUS GRAND *que le diamètre inférieur!!* et c'est ainsi qu'ils ont inventé, *d'après le texte de Vitruve*, ces affreuses colonnes renflées, que certains monuments modernes reproduisent comme pour servir à l'éternelle confusion de ceux qui ne craignent pas d'expliquer ce qu'ils ne comprennent pas eux-mêmes.

Les constructeurs qui ont adopté de pareilles théories sont les admirateurs quand même de Vitruve. Ils ne savent pas comment Vitruve a parlé, mais on leur dit qu'il a parlé, et ils admirent de confiance. Les autres, plus circonspects, se contentent de proclamer que les enseignements de Vitruve ne doivent pas être suivis, *parce qu'ils ne sont pas d'accord avec les exemples laissés par les maîtres.* Un seul, à notre connaissance, a déjà pressenti la vérité, et voici comment il l'exprime, après avoir dit que les colonnes renflées sont celles dont le diamètre *maximum* est placé *au tiers* de la hauteur :

« On ne connaît aucun exemple de cette singulière disposition dans les monuments de l'antiquité ; mais un passage de Vitruve a porté à penser qu'elle avait été admise par les Romains et même par les Grecs ».

« *Quant au renflement à observer au milieu de la colonne*, dit cet auteur, *que les Grecs désignent sous le nom d'Entasis, une figure placée à la fin de ce livre montrera comment on peut le rendre doux et convenable* «.

» Malheureusement ce document, si nécessaire en présence d'un texte aussi concis, n'est pas venu jusqu'à nous ; on en est réduit aux conjectures, et *peut-être* convient-il de repousser celle qui a été généralement adoptée. Il est à remarquer, en effet, que Vitruve donne à cette pratique quelque chose d'absolu, et que, cependant, dans aucune des nombreuses colonnes encore subsistantes, qui remontent à son époque, on ne voit le diamètre aller en augmentant, à partir du pied jusqu'à une certaine hauteur ».

« N'aurait-on pas dû en conclure que le renflement dont il parlait devait porter, non pas sur la verticale passant par l'extrémité du diamètre à la base, mais sur la ligne inclinée joignant la base au sommet, ligne qui, dans le système d'architecture antérieur, eût formé la génératrice de la colonne? Cette ligne étant la corde de la courbe, il était assez naturel d'y rapporter la flèche, et d'en donner la mesure au milieu de sa longueur. L'architecte romain aurait donc, suivant nous, voulu parler de colonnes *galbées* et non de colonnes *renflées*, et ainsi disparaitrait le désaccord entre les monuments et le texte antique qui a si fortement préoccupé les commentateurs » *(Extrait du Traité d'Architecture de M. Léonce Reynaud, 2º édition, pages 207 et 208).*

Ce passage pourrait être considéré comme irréprochable, s'il ne contenait pas l'expression d'un doute. Mais, fort heureusement, la vérité est connue maintenant d'une manière plus précise; car, depuis que le galbe des colonnes du Parthénon a été mesuré avec un soin minutieux par l'architecte anglais Penrose, on possède enfin à côté du précepte un exemple qui, à lui seul, suffit amplement pour confirmer, avec la certitude la plus absolue, l'opinion émise par le savant professeur dont nous venons de citer les paroles.

Les mesures récentes de l'architecte anglais démontrent, en effet, d'une manière incontestable, que la génératrice des colonnes du Parthénon est une courbe ayant pour corde la ligne qui joint les extrémités des diamètres supérieur et inférieur, et pour flèche une longueur *d'un dactyle* portée *au milieu de cette corde*.

De sorte que la véritable expression du diamètre des colonnes du Parthénon se trouve finalement égale à $5^p 2^{pc} 2^d = 1^m,728$, et que, par conséquent, c'est la moitié de ce diamètre, correspondant à $2^p 3^{pc} 1^d$, ou, en d'autres termes, à $45^d = 0^m,864$, qu'il faut prendre pour l'expression réelle du module, quand on veut étudier les détails de la construction du monument.

La hauteur totale, mesurée depuis le pavé du péristyle jusqu'à l'arête saillante de la toiture des façades latérales, est égale à $13^m,824$, et se trouve correspondre ainsi *fort exactement* à 45ᵖ, c'est-à-dire à 16 modules de 45ᵈ ; et il résulte de là, en dernière analyse, que la hauteur totale de la façade du Parthénon doit être considérée comme composée de 16 parties ou modules, de même que le pied grec est composé lui-même de 16 parties ou dactyles.

Quant à la hauteur des colonnes, elle devrait être théoriquement égale à 6 diamètres ou 12 modules, c'est-à-dire, en d'autres termes, à 33ᵖ3ᵖ; mais elle a été portée pratiquement et en *nombres ronds* à 34ᵖ, suivant le précepte de Vitruve dont nous avons déjà fait connaître le texte ; et c'est ainsi qu'elle se trouve égale à 10ᵐ,44, sans que cette circonstance empêche de considérer *théoriquement* la hauteur des colonnes du Parthénon comme égale à *6 diamètres* ; d'un autre côté, au grand temple de Pæstum, cette même hauteur des colonnes est seulement égale à *5 diamètres moyens;* et quoique, dans quelques autres monuments plus anciens, elle soit encore moindre, cela n'a pas empêché Vitruve de fixer, dans son traité, la hauteur des colonnes doriques à 7 fois le diamètre. Mais, nous le demandons encore, est-il juste d'en conclure qu'il n'a pas été initié aux formules de l'architecture grecque des beaux temps, et que ce qu'il dit au sujet des ordres n'est pas d'accord avec les exemples laissés par les maîtres ?

Nous l'avons déjà fait remarquer précédemment et nous ne craignons pas de le répéter, de pareilles assertions ne semblent pas admissibles et l'on peut, à notre avis, aller jusqu'à dire qu'elles ne sont pas même vraisemblables ; car tout porte, au contraire, à croire que Vitruve connaissait aussi bien les proportions des colonnes du Parthénon et du temple de Pæstum que celle des monuments doriques que l'on pouvait construire encore de son temps, proportions qu'il fixe, à bon droit, à 7 diamètres, *pour son époque*, mais pour son époque seulement, et non pour les époques antérieures dont il n'avait pas à s'occuper.

Quoi qu'il en soit, en définitive, sur ce point, il est désormais parfaitement certain qu'il y a lieu d'admettre, conformément au texte de Vitruve et malgré les assertions contraires des commentateurs modernes, que le renflement nommé par les Grecs *Entasis* était toujours porté, *comme au Parthénon*, au milieu même de la hauteur des colonnes ; et c'est là certainement une raison de plus pour croire que les anciens constructeurs étaient dans l'usage de prendre, en effet, en cet endroit, la véritable expression des diamètres et des entre-colonnements.

Mais un nouvel argument beaucoup plus direct peut être déduit encore d'un autre passage dont nous rapporterons, avant tout, le texte complet avec la traduction en regard.

TEXTE DE VITRUVE.	TRADUCTION DE PERRAULT.
Hujus autem rei ratio explicabitur sic. Frons loci, quæ in æde constituta fuerit, si tetrastylos facienda fuerit, dividatur in partes undecim semis, præter crepidines et projecturas spirarum.	Pour le bien ordonner, il faut diviser la face, *sans compter la saillie de l'empâtement des bases* des colonnes, en onze parties et demie, si on veut faire un tétrastyle.

C'est toujours dans le second chapitre du livre III et à l'occasion de l'ordonnance eustyle que Vitruve s'exprime de la sorte, et, par conséquent, il est incontestable que le texte latin que nous venons de rapporter doit suffire pour trancher définitivement la question qui nous occupe, car il est facile de voir, en jetant les yeux sur la figure suivante :

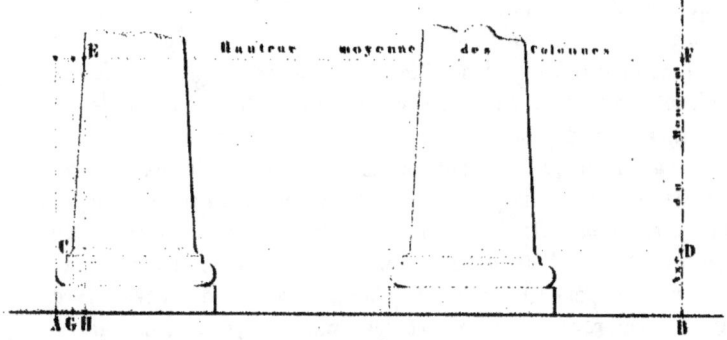

qu'il n'a jamais pu être question, dans la pensée de Vitruve, de diviser la longueur totale AB en parties égales, et qu'ainsi la longueur à diviser doit être nécessairement, d'après lui, ou bien la longueur CD, si c'est au diamètre inférieur que le module doit correspondre, ou bien seulement la longueur EF, si ce module doit être pris au contraire sur la hauteur moyenne. En d'autres termes, la quantité à retrancher de la longueur totale du monument, avant d'opérer les divisions, doit être ou bien simplement égale à AG, ou bien, au contraire, égale à AH; ce que l'on peut exprimer encore en disant, dans le premier cas, qu'il faut retrancher de la longueur totale *la saillie* AG des bases, et, dans le second, qu'il faut en retrancher le *talus* GH des colonnes, plus *la saillie* AG des bases.

La question est donc de savoir si Vitruve a voulu exprimer la première ou la seconde de ces réductions, lorsqu'il a écrit les mots : *præter crepidines et projecturas spirarum*.

Perrault a traduit : *excepté la saillie* DE *l'empâtement des bases*, comme s'il y avait, dans le texte latin, *præter crepidines* PROJECTURARUM *spirarum*. Mais ce texte lui-même est bien différent, la conjonction *et* ne devant pas être considérée comme sans valeur, et suffisant, au contraire, pour constituer, ou bien un véritable pléonasme si le sens de la traduction de Perrault est exact, ou bien une pensée différente de celle que Perrault énonce.

Si le traité de Vitruve avait été écrit en vers, les exigences de la mesure auraient peut-être justifié le pléonasme admis par le traducteur de ce traité, mais une pareille redondance ne semble pas naturelle dans une composition en prose.

D'ailleurs, pour que ce pléonasme lui-même existe, il est indispensable que le même sens puisse être attribué aux deux mots *crepido* et *projectura*, tandis qu'il n'est pas permis de le faire, ainsi qu'on va le voir.

En premier lieu, l'étymologie du mot *projectura* est tellement claire que ce nom ne peut être appliqué qu'à une chose portée en avant *(pro)*, comme le seul rapprochement des deux mots *projecturas* et *spirarum* suffit pour le démontrer avec certitude. Le mot *projectura* s'applique donc formellement à la saillie AG des bases.

Mais la signification du mot *crepido* n'est pas aussi certaine et la difficulté consiste à bien définir cette signification.

Ouvrons, à cet effet, le *Thesaurus Linguæ Latinæ* de Robert Etienne, nous y trouvons d'abord :

« *Crepido est ora terræ, quam aqua alluit : ex hoc appellata quod ibi » aqua alluens crepat, crepitatve quum currit, aut undas appellit* ». Voilà quel est le sens propre.

Mais nous trouvons un peu plus loin : « *Per metaphoram vero, et » putei extremam oram, quæ ad puteum respicit, quod vulgo dicitur os » putei, et* extremitatem omnem *solemus crepidinem appellare* ».

Un peu plus loin encore : « *Crepido* abrupti *saxi* altitudo *et moles etiam dicitur* ».

Et en dernier lieu, enfin : « *Crepido etiam* editioris *cujusque loci » altitudo et* extremitas ».

Consultons, d'un autre côté, le *Dictionarium universale Latino-Gallicum, ex omnibus latinitatis auctoribus summa diligentia collectum* (Parisiis, 1753). Voici ce qu'on y trouve au mot *crepido*.

« CREPIDO. — Le *bord* de quelque chose que ce soit où l'eau vient » battre, la *hauteur* d'une roche *escarpée* ».

« CREPIDO URBIS. — Cic. — Quai ou parapet qui règne sur le bord » des fossés d'une ville, ou le long d'une rivière qui y coule ».

« CREPIDO PORTUS. — Quint. Curt. — Quai d'un port ».

Ainsi, le mot *crepido* convient essentiellement à une chose *abrupte*, quelle qu'elle soit, par exemple, à un rocher, à un môle ou à un mur de quai, et il faut surtout employer ce mot quand on considère la partie qui forme *l'extrémité* de ce rocher, de ce môle ou de ce mur habituellement baignée par l'eau ; c'est spécialement dans ce sens que Quinte-Curce a dit :

« *Sic enim maris atrocitas objectu crepidinis frangitur* ».

Mais, pour que ce mot *crepido* puisse être employé convenablement, la présence de l'eau n'est pas indispensable, et Sénèque a pu dire aussi, à très-bon droit :

« *Quis crederet jacentem super crepidinem Marium aut fuisse aut futurum consulem ?* »

Toutefois, on ne traduirait pas ce passage avec une précision suffisante, si l'on pouvait croire que le mot *crepido* correspond au mot *bord*.

car ce dernier mot exprime seulement l'idée *d'une extrémité*, sans y ajouter l'idée d'une chose *abrupte*. La véritable traduction du passage qu'on vient de lire est donc celle-ci :

« Qui pourrait croire, en voyant Marius couché sur le *talus* (1) du chemin, ou qu'il a déjà été ou qu'il sera encore consul ? »

Il est clair, maintenant, que si Vitruve avait dit dans son texte : *Præter crepidines columnarum et projecturas spirarum*, les explications qui précèdent suffiraient pour marquer la distinction établie par cet auteur entre les mots *crepido* et *projectura*, et pour montrer, en même temps, que ces mots, loin d'être synonymes, doivent s'appliquer, au contraire, exclusivement, le premier *aux talus* des colonnes, et le second *aux saillies* des bases.

Mais l'addition du mot *columnarum* était-elle nécessaire pour indiquer que le mot *crepido* ne peut s'appliquer en effet qu'aux colonnes?

Telle est la dernière question à résoudre.

Si Quinte-Curce n'a pas dit : *Maris atrocitas objectu crepidinis molis frangitur;*

Si Sénèque n'a pas dit : *Super crepidinem* viæ,

Pourquoi voudrait-on obliger Vitruve à dire, à son tour : *Præter crepidines* columnarum?

Il faut donc le reconnaître, l'idée que le mot *crepido* rappelle est tel-

---

(1) Si le chemin AB est supposé tracé sur le flanc d'un côteau, moitié en déblai et moitié en remblai, la figure suivante suffit pour montrer que le mot *crepido* peut s'appliquer aussi bien *au talus* en déblai BC, du côté de la montagne, qu'*au talus* en remblai AD, du côté de la vallée.

lement précise que la suppression du mot *columnarum* n'amène pas plus de confusion dans le texte de Vitruve, que la suppression des mots *molis* ou *viæ* n'en introduit dans le texte de Quinte-Curce, ou dans celui de Sénèque.

Ce mot *crepido*, employé *seul*, représente en effet, suivant les cas, aussi bien l'*extrémité* du *talus* d'une route, d'un môle, d'un mur de quai, que l'*extrémité* du *talus* d'une colonne.

D'ailleurs, n'est-il pas évident que le talus d'un mur de quai doit être considéré, par rapport à sa base *rectiligne*, identiquement comme le talus d'une colonne, par rapport à sa base *circulaire*?

Concluons donc en affirmant :

Que les mots *crepido* et *projectura* s'appliquent, dans le texte de Vitruve, à deux choses parfaitement distinctes l'une de l'autre ;

Que le premier ne convient pas plus à la saillie *horizontale* des bases que le second ne convient au talus *vertical* des colonnes ;

Que, par conséquent, Vitruve a prescrit de retrancher *ces deux choses* de la longueur totale des édifices, avant de diviser cette longueur en parties égales ;

Et, par conséquent enfin, que sa théorie consiste à prendre TOUJOURS le module *au milieu même de la hauteur des colonnes*.

DEUXIÈME PARTIE.

TABLE DES MATIÈRES.

	Pages.
Temple d'Hercule, à Cora	36
Colonnes doriques du théâtre de Marcellus	38
Temple de Junon Matuta, à Rome	39
Temple d'Erechtée, à Athènes	42
Temple de la Fortune Virile, à Rome	43
Colonnes ioniques du portique du Forum triangulaire, à Pompéi	46
Colonnes ioniques du temple de l'Espérance, à Rome	48
Colonnes ioniques du théâtre de Marcellus	48
Temple de Minerve, à Assise	49
Colonnes du monument de Lysicrates, à Athènes	51
Colonnes de l'arc-de-triomphe de Titus	52
Colonnes corinthiennes du Colysée	53
Colonnes corinthiennes du Panthéon	53
Colonnes corinthiennes du temple d'Antonin	54

DEUXIÈME PARTIE.

Application de la théorie précédente à quelques monuments antiques.

La théorie du Module, telle que nous venons de l'exposer en invoquant le texte de Vitruve, pourrait, à la rigueur, n'avoir été inventée que par cet architecte, n'avoir jamais existé avant lui et n'avoir été pratiquée, après lui, par personne. Il n'en est rien cependant, et il suffit, au contraire, d'interroger, à ce point de vue, les monuments de l'antiquité grecque et romaine, pour en conclure sans peine que cette théorie a été universellement pratiquée, avant comme après Vitruve, dans tous les temps et dans tous les lieux.

Mais comment établir, sur un petit nombre d'exemples, la généralité de cette assertion? Nous aurons beau choisir, au hasard, parmi les monuments antiques, on nous objectera toujours que nous avons choisi ceux-là seulement qui sont favorables à notre système et que nous n'avons pas craint d'écarter soigneusement tous les autres.

Il nous a donc paru plus rationnel et en même temps plus concluant de suivre une marche complètement différente; et, en définitive, le choix auquel nous nous sommes arrêté demeure, en quelque sorte, indépendant de notre volonté; car nous nous sommes contenté d'ouvrir le *Traité d'Architecture* de M. Léonce Reynaud, qui nous a paru non seulement le plus récent, mais aussi le plus complet de tous, celui surtout où les monuments sont dessinés et mesurés avec le plus de soin et de rigueur; et nous avons appliqué successivement la règle de Vitruve

A tous les monuments antiques dont ce traité nous a fait connaître les dimensions.

Les voici, dans l'ordre adopté par l'auteur lui-même, à l'exception cependant du Parthénon et du temple de Pæstum, dont les détails ont été déjà étudiés par nous dans deux mémoires spéciaux, auxquels il nous semble permis de renvoyer en ce moment.

TEMPLE D'HERCULE, A CORA.

(Voir le *Traité d'architecture* de M. Léonce Reynaud, 1re partie, planche 17).

Les données du problème à résoudre, à l'occasion de ce monument, sont les suivantes :

1º Intervalle compris entre les axes des colonnes........ 2m,25

2º Hauteur des colonnes 6m,188
3º Hauteur de l'entablement....................... 0m,980

4º Hauteur totale, mesurée entre le pavé du temple et le sommet des corniches................................... 7m,168

5º Diamètre inférieur des colonnes.................... 716mm
Et 6º Enfin diamètre supérieur....................... 610mm

D'où l'on déduit, avant tout, l'expression du diamètre *moyen* égale à $\frac{716^{mm}+610^{mm}}{2}$ = ... 663mm

Il n'est pas difficile de comprendre maintenant qu'à l'époque où ce temple a été construit toutes les longueurs qui viennent d'être rapportées se trouvaient forcément exprimées, pour l'usage des ouvriers, *en pieds romains antiques;* et comme, d'un autre côté, la valeur de ce pied ne peut varier que de 295 à 297 millimètres, il est parfaitement certain que les anciennes expressions des diamètres des colonnes devaient être les suivantes, si l'on consent à donner, dans ce cas particulier, une longueur de 295 millimètres au pied romain.

Diamètre inférieur 2P4p3d soit 39d = 719mm au lieu de 716mm.
(Différence 3mm).

Diamètre moyen.... $2^p 1^{p0d}$, soit $36^d = 664^{mm}$, au lieu de 663^{mm}.
(Différence 1^{mm}).
Et diamètre supérieur $2^p 0{,}1^d$, soit $33^d = 609^{mm}$, au lieu de 610^{mm}.
(Différence 1^{mm}).

On peut augmenter, si l'on veut, la longueur du pied antique, et la fixer, par exemple, à 296 millimètres plutôt qu'à 295; mais cette nouvelle hypothèse ne modifiera en rien la solution que nous venons de rapporter, qui restera, dans tous les cas, incontestablement exacte; et il n'en faut pas davantage pour établir avec certitude que le module du temple de Cora a été réellement pris sur le diamètre *moyen* des colonnes.

Comment supposer, en effet, qu'il a pu entrer dans la pensée d'un architecte de choisir, *à priori*, pour module, une longueur telle que le rayon *inférieur* des colonnes, dont l'expression est de $1^p 0^p 3^d 1/2$, soit $19^d 1/2$? Comment pourrait-on croire surtout qu'après avoir fait choix d'un semblable module et après l'avoir divisé *en 13 parties* égales de $1^d 1/2$ chacune, le même architecte a voulu retrancher deux de ces parties du rayon inférieur pour en déduire le rayon supérieur égal à $16^d 1/2$, et que c'est précisément en opérant d'une manière aussi compliquée, et sur de pareils nombres, qu'il a trouvé, *par hasard*, pour expression du rayon moyen, *auquel il ne songeait pas*, un nombre rond de 18^d? N'est-il pas évident, au contraire, que la longueur choisie *à priori* par l'architecte a dû être le *diamètre moyen* lui-même, égal à 9 palmes, soit 36 dactyles, et que cette longueur de 36 dactyles, divisée en *six parties* égales, de 6 dactyles l'une, a servi effectivement pour déterminer à la fois, le module égal à *trois* de ces parties, et la diminution *totale* des diamètres des colonnes égale à *une* de ces parties; ce qui a donné finalement :

Pour le diamètre inférieur, 6 parties et demie de 6^d, soit..... 39^d;
Pour le diamètre moyen, 6 parties, soit................ 36^d,
Et pour le diamètre supérieur, 5 parties et demie, soit........ 33^d.

Le tout, conformément à la règle indiquée par Vitruve, pour la diminution des diamètres des colonnes qui ont de 15^p à 20^p.

Il importe de faire remarquer cependant que la hauteur effective des colonnes, déjà réglée à 6m,188, correspond, sans aucun doute possible, à 21ᵖ de 295mm l'un, c'est-à-dire à 6m,195, sans que cette différence de 7mm, entre la hauteur théorique et la hauteur réelle, puisse surprendre personne, en raison de la double erreur qu'il est permis d'attribuer, soit à l'exécution primitive elle-même, soit à la mesure moderne ; et comme 18 modules, ou en d'autres termes, 9 diamètres de 9 palmes l'un, correspondent exactement à 20ᵖ1ᵖ, il nous paraît extrêmement probable que cette hauteur de 21ᵖ est le résultat d'un de ces tempéraments que Vitruve autorise dans le passage dont nous avons déjà rapporté le texte.

Quant à la hauteur de l'entablement, précédemment fixée à 980mm, elle est, sans le moindre doute, théoriquement égale soit à 3 modules, soit à une fois et demie le *diamètre moyen*, c'est-à-dire à 3ᵖ1ᵖ2ᵈ = 996mm au lieu de 980mm, cette différence de 16mm ne pouvant provenir que d'une erreur d'exécution, d'une erreur de mesure, ou de ces deux causes réunies. En dernier lieu, il est facile de voir, en comparant entre elles, les longueurs de l'entre-axe et du diamètre *moyen*, que cet entre-axe est égal à *trois diamètres moyens et un tiers*, et qu'il doit correspondre ainsi théoriquement, en unités romaines, à sept pieds et demi, et en unités métriques françaises, à 2m,213 ; d'où il faut tirer, à notre avis, un argument de plus en faveur de la coïncidence réelle du module avec le diamètre *moyen*, puisqu'il résulte des relations qui viennent d'être établies, que les trois entre-axe du temple de Cora correspondent ensemble à dix diamètres *moyens*, et qu'ainsi la longueur totale de la façade principale de ce temple, mesurée *au milieu de la hauteur des colonnes*, demeure finalement égale à onze de ces diamètres.

COLONNES DORIQUES DU THÉÂTRE DE MARCELLUS.

(*Traité d'architecture* de M. Léonce Reynaud, première partie, planche 16, figure 1).

Hauteur de ces colonnes...... 7m,755 ;
Diamètre supérieur............ 775mm ;
Diamètre inférieur............ 970mm,
Et par conséquent, diamètre *moyen*....... 872mm,5.

En attribuant, cette fois, au pied romain antique la valeur de 296mm, la mesure du diamètre *moyen*, telle qu'elle vient d'être rapportée, correspond à 2ᵖ3ᵖ3ᵈ, soit 869mm, 5, au lieu de 872mm, 5 (Différence 3mm).

Quant à la hauteur des colonnes, en la supposant réglée à 9 diamètres *moyens*, comme au temple de Cora, elle correspondrait théoriquement à 26ᵖ1ᵖ3ᵈ; mais elle a été réduite, pratiquement et en nombres ronds, à 26ᵖ1ᵖ, c'est-à-dire, à 7m, 770, au lieu de 7m,755 (Différence 15mm). Et c'est là, très-probablement, une nouvelle application de la théorie des tempéraments, telle que Vitruve la recommande, avec cette seule différence que le tempérament résulte, dans le cas actuel, d'une soustraction, tandis qu'il avait été pratiqué, au contraire, dans le cas précédent, par voie d'addition.

La vérité semble donc être : que le module se trouve, au Théâtre de Marcellus aussi bien qu'au temple de Cora, sur la hauteur moyenne des colonnes, puisque la hauteur totale de cette partie principale de la construction peut être considérée, dans ces deux cas, comme théoriquement égale à *neuf diamètres moyens* (1).

TEMPLE DE JUNON MATUTA, A ROME.

(Même Traité, Planche 19).

Ici nous trouvons :

1º Pour le diamètre supérieur des colonnes.... 548mm;
Pour le diamètre inférieur.................. 652mm,
Et par conséquent, pour le diamètre moyen............ 600mm;

---

(1) J'avoue, franchement, qu'il ne convient pas d'attacher une trop grande importance aux arguments déduits des dimensions des colonnes du Théâtre de Marcellus, et je n'ai aucune peine à reconnaître que cet exemple est le moins heureux de tous ; mais je crois nécessaire de faire remarquer que ce résultat doit être attribué à plusieurs causes différentes.

En 1ᵉʳ lieu, la forme demi-circulaire de la construction ne laissait pas à l'architecte une entière liberté d'action pour déterminer, à son gré, l'espacement régulier des entre-axes.

En 2ᵉ lieu, les diverses conditions à remplir, pour régler convenablement l'ordonnance intérieure du monument, lui laissaient moins de latitude encore, s'il est possible, par

2° Pour la hauteur de l'entablement............ 1^m,475;
Pour celle des colonnes.................. 4^m,440;

Et pour la hauteur totale................ 5^m,915;

3° Enfin pour l'un des deux entre-axes extrêmes.......... 1^m,767;
Pour l'un des deux entre-axes intermédiaires........... 1^m,905;
Et pour l'entre-axe central.............................. ?

Nous croyons d'abord que, pour traduire en mesures antiques les diverses mesures qui viennent d'être rapportées, il faut fixer, une fois de plus, le pied romain à 296^{mm}.

On trouve alors :

Pour la hauteur de l'entablement 5^p = 1^m,480 au lieu de 1^m,475
(Différence 5^{mm});

Pour celle des colonnes....... 15^p = 4^m,440 ce qui est exactement la valeur donnée;

Et pour la hauteur totale...... 20^p = 5^m,920 au lieu de 5^m,915
Le diamètre *moyen* correspond (Différence 5^{mm}).
ensuite à.................... 2^p = 0^m,592 au lieu de 0^m,600
(Différence 8^{mm}).

Les entre-axes extrêmes à..... 6^p = 1^m,776 au lieu de 1^m,767,
(Différence 9^{mm}).

Les entre-axes intermédiaires à.. 6^{p}¹/₂ = 1^m,924 au lieu de 1^m,905,
(Différence 19^{mm}).

rapport aux dimensions à assigner aux hauteurs des colonnes et aux entablements.

En dernier lieu, enfin, il semble permis de croire que toutes les cotes rapportées par l'auteur dont nous suivons les indications, ne sont pas suffisamment exactes.

Voici, par exemple, celles que l'on trouve sur la planche 18 de la 1re partie de son ouvrage : Hauteur de l'architrave.................................. 0^m,515
id.   de la frise.. 0^m,760
id.   de la corniche.................................... 0^m,629

Ce qui donne, *pour la hauteur totale de l'entablement*..................... 1^m,904.

Tandis qu'on ne trouve, *pour cette même hauteur*, sur la planche 6 de la 2e partie, que.. 1^m,887

sans que cette différence de.. 0^m,017

puisse être expliquée autrement qu'en admettant une erreur matérielle.

Et peut-être faut-il aller jusqu'à dire, en suivant la même loi de progression, que l'entre-axe central, dont la dimension n'est pas donnée, correspond, à son tour, à 7ᵖ.

Dans tous les cas, et quelle que puisse être la valeur de cette dernière hypothèse, il résulte clairement, des seules dimensions verticales, que le module est égal, pour le monument actuel, à l'unité linéaire elle-même, et qu'en conséquence on observe, sur ce monument, les relations suivantes :

Le diamètre *moyen* des colonnes correspond à deux modules ;

L'entablement, à cinq modules ou à deux diamètres et demi ;

La hauteur des colonnes, à trois entablements, à quinze modules ou à sept diamètres et demi ;

Et enfin, les entre-axes extrêmes, à trois diamètres, comme pour les temples systyles ;

Les entre-axes intermédiaires, à trois diamètres et un quart ;

Et l'entre-axe central, *très-probablement*, à trois diamètres et demi.

Ce qui donne :

D'abord, pour la somme des cinq entre-axes, seize diamètres,

Et ensuite, pour la longueur totale du temple, mesurée *au milieu de la hauteur des colonnes*, dix-sept diamètres.

Quant aux diamètres supérieur et inférieur des colonnes, ils doivent être exprimés, dans le cas actuel, en onces et non en dactyles, de la manière suivante :

Diamètre supérieur.......... 1ᵖ10º = 543ᵐᵐ au lieu de 548ᵐᵐ
(Différence 5ᵐᵐ) ;

Diamètre inférieur.......... 2ᵖ2º = 644ᵐᵐ au lieu de 652ᵐᵐ
(Différence 11ᵐᵐ).

Ce qui établit encore une fois, entre les diamètres, une proportion conforme à la règle de Vitruve pour les colonnes qui ont de 15 à 20 pieds, savoir :

Diamètre supérieur 5 parties et demi,
Diamètre moyen.. 6 parties,   comme au temple de Cora.
Diamètre inférieur. 6 parties et demi,

TEMPLE D'ÉRECHTÉE, A ATHÈNES.

(Planche 20.)

Les diamètres des colonnes ioniques du temple d'Erechtée ont :
Dans le haut...................... 713^{mm},
Et dans le bas .... 840^{mm},

Le diamètre moyen de ces colonnes est donc égal à 776^{mm},5 ; et, comme la largeur des pilastres a été trouvée, de son côté, égale à 774^{mm}, il est clair qu'il y a identité absolue entre ces deux dernières mesures. Par conséquent, on peut déjà considérer comme certain que ce sont ces longueurs qui correspondent, en effet, au module.

De plus, il est facile de voir que quatre diamètres *moyens* de 776^{mm},5 donnent une longueur totale de 3^m,106, alors que le *Traité d'Architecture* de M. Léonce Reynaud nous apprend, dans son texte (première partie, page 248), que l'entre-axe des colonnes de l'Erechtéion est égal à *3^m,120 environ*. Il n'est donc plus permis d'en douter, ce temple est diastyle, suivant le langage de Vitruve *(cum trium columnarum crassitudinem intercolumnio interponere possumus).*

Cependant, un troisième argument peut encore être déduit de la mesure des hauteurs ; car les colonnes ayant................ 7^m,637
et l'entablement....................................... 1^m,683

la hauteur du monument se trouve finalement portée à..... 9^m,320

tandis que 12 diamètres *moyens*, de 776^{mm},5 l'un, produisent, de leur côté, une longueur totale de 9^m,318 ; de sorte que la hauteur du monument correspond, à 2^{mm} près, à 12 diamètres *moyens*.

En résumé, la longueur du pied *grec* employé à la construction de l'Erechtéion semble devoir être fixée à 310^{mm},6 ; et alors les mesures précédentes permettent de compter :
Pour le diamètre *moyen* des colonnes......... 2^{п}2^г, soit 0^m,7765
Pour l'entre-axe égal à 4 diamètres *moyens*.... 10^п, soit 3^m,106

Pour la hauteur des colonnes, égale à 9 diamètres 3/4 ou 19 modules 1/2.................. 24ᵖ2ᵒ, soit 7ᵐ,6097
Pour l'entablement, égal à 2 diamètres 1/4 ou 4 modules 1/2.......................... 5ᵖ2ᵒ, soit 1ᵐ,7083
Et enfin, pour la hauteur totale du monument, égale à 12 diamètres *moyens* ou 24 modules.. 30ᵖ, soit 9ᵐ,3180

TEMPLE DE LA FORTUNE VIRILE, A ROME

(Planche 21).

Les entre-axes de ce temple ne sont pas égaux entre eux. Les six entre-axes des façades latérales mesurent ensemble 17ᵐ,770; ce qui donne, en moyenne, pour un seul, 2ᵐ,961, et cette dernière expression correspond incontestablement à 10 pieds romains, de 296ᵐᵐ,1 l'un.

Sur la façade principale, l'entre-axe central a 3ᵐ,06 et les deux entre-axes latéraux ont chacun 3ᵐ,01 ; longueurs qui peuvent être traduites *rigoureusement* en mesures romaines, aussi bien l'une que l'autre, pourvu qu'on admette la division du pied en 12 onces.

L'entre-axe central correspond alors à 10ᵖ4ᵒ = 3ᵐ,060 ;

Les entre-axes latéraux à 10ᵖ2ᵒ = 3ᵐ,010 ;

Et les trois entre-axes ensemble présentent ainsi une longueur totale de 30ᵖ8ᵒ = 9ᵐ,080.

Enfin, le diamètre supérieur des colonnes, qui est de 860ᵐᵐ, correspond, en mesures romaines, à 2ᵖ11ᵒ = 863ᵐᵐ (Différence 3ᵐᵐ) ;

Et le diamètre inférieur, qui est égal à 971ᵐᵐ, correspond, à son tour, à 3ᵖ3ᵒ = 963ᵐᵐ (Différence 8ᵐᵐ).

D'où l'on conclut pour le diamètre moyen :

D'après les mesures directes, 915ᵐᵐ,5 ;

Ou bien, en exprimant cette dernière longueur en mesures romaines, 3ᵖ1ᵒ = 913ᵐᵐ (Différence 2ᵐᵐ,5).

Cela posé, il est facile de voir que la longueur totale de la façade principale, mesurée *au milieu de la hauteur des colonnes*, comprend :

Pour les trois entre-axes............... 30^p8^o = $9^m,080$
Et pour un diamètre moyen............ 3^p1^o = $0^m,913$
Ensemble............... 33^p9^o = $9^m,993$

C'est cette longueur totale qui a été divisée *en onze parties égales* pour donner le diamètre *moyen*; car l'ordonnance du temple de la Fortune est évidemment la même que celle du temple de Cora. Par conséquent, on doit trouver théoriquement :

Pour un diamètre moyen : $\frac{33^p9^o}{11}$ = $3^p0^o\frac{9}{11}$ ci............ $3^p0^o\frac{9}{11}$
Pour un entre-axe : 3 diamètres 1/3, soit............ $10^p2^o\frac{8}{11}$
Et pour deux autres entre-axes semblables ci.......... $20^p5^o\frac{5}{11}$
Ce qui reproduit la longueur totale de............... 33^p9^o

Mais des expressions présentées sous cette forme fractionnaire étaient complètement inadmissibles dans la pratique, et alors on a pris, en nombres ronds :

Pour le diamètre *moyen* 3^p1^o, au lieu de $3^p0^o\frac{9}{11}$
Pour les deux entre-axes latéraux 10^p2^o, au lieu de $10^p2^o\frac{8}{11}$

Et, comme on a perdu ainsi $\frac{19}{11}$ d'once, on s'est trouvé forcément conduit à ajouter cette fraction à l'entre-axe central, qui a été porté de la sorte à $10^p2^o\frac{8}{11}$ + $\frac{19}{11}$, c'est-à-dire à 10^p4^o.

Quant à la hauteur des colonnes dont la mesure est de $8^m,10$, il est clair qu'elle doit correspondre, en théorie, à 9 diamètres *moyens* ou, en d'autres termes, à 9 fois $3^p0^o\frac{9}{11}$ c'est-à-dire à $27^p7^o\frac{4}{11}$, mais que cependant elle ne peut correspondre, dans la pratique, qu'à $27^p1/2$ soit $8^m,14$.

Toutes ces explications sont, on peut le dire, tellement incontestables, qu'on trouvera peut-être ridicule de nous voir insister si longtemps sur des considérations aussi élémentaires. Mais comment ne pas s'y arrêter longuement, lorsqu'on voit tant d'hommes distingués s'obstiner à n'étudier les monuments antiques qu'à la condition de les défigurer au préalable en les couvrant de mesures modernes (1), et lors-

---

(1) L'usage des mesures modernes a surtout l'inconvénient de perpétuer toutes les erreurs, soit d'exécution, soit de mesure ; car il empêche de distinguer, lorsqu'on trouve

— 45 —

qu'il faut tant de peine pour leur faire comprendre qu'il est absolument impossible d'apprécier l'économie de ces monuments, quand on refuse de se placer au même point de vue que les anciens constructeurs et d'employer, par conséquent, les mêmes mesures qu'eux (1).

(ainsi qu'on le verra tout à l'heure à l'occasion du temple de Minerve) des valeurs différentes pour des entre-colonnements qui doivent être néanmoins identiques, quelle est la bonne et quelles sont les mauvaises parmi les valeurs données ; tandis que, au contraire, l'usage des mesures antiques suffit pour faire disparaître toutes les différences et par conséquent aussi toutes les erreurs.

(1) Je n'ignore pas qu'on a plusieurs fois essayé d'exprimer en mesures antiques les dimensions des monuments les plus importants. Mais ces diverses tentatives n'ont pas toujours donné de bons résultats, et surtout n'ont jamais inspiré assez de confiance pour servir de base à des travaux sérieux.

Voici, par exemple, un essai de traduction qui a été donné dans un Traité d'architecture :

DÉSIGNATION		HAUTEUR DES COLONNES	
DES ÉDIFICES.	DES ORDRES.	EN MÈTRES.	EN PIEDS ROMAINS.
Temple de Junon Matuta, à Rome......	Dorique........	4^m,44	15^p,14
Temple d'Hercule, à Cora............	Dorique........	6^m,19	20^p,01
Temple de la Fortune Virile, à Rome...	Ionique........	8^m,10	27^p,36
Temple de Minerve, à Assise..........	Corinthien.....	10^m,06	29^p,77
Temple de Vesta, à Tivoli............	Corinthien.....	7^m,13	24^p,08
Théâtre de Marcellus, à Rome........	Dorique........	7^m,75	26^p,18
Le même théâtre....................	Ionique........	7^m,10	24^p,31
Panthéon de Rome	Corinthien.....	14^m,18	47^p,90
Temple d'Antonin, à Rome...........	Corinthien.....	14^m,85	50^p,17

Mais ce tableau contient des erreurs de calcul évidentes, les valeurs qu'on en déduit pour le pied romain différant en effet beaucoup trop les unes des autres pour qu'il soit possible de les considérer comme exactes.

On en jugera par les trois valeurs suivantes :

Temple de Junon Matuta.................... $\frac{4^m,44}{15,14}$ = 293^{mm}

Temple de Minerve .... $\frac{10^m,06}{29,77}$ = 338^{mm}

Ordre ionique du temple de Marcellus........... $\frac{7^m,10}{24,31}$ = 292^{mm} , tandis

COLONNES IONIQUES DU PORTIQUE DU FORUM TRIANGULAIRE, A POMPÉI

(Planche 22, fig. 1).

La hauteur de ces colonnes n'est pas connue, mais on connaît leur entre-axe, égal à 2^m,26, et les diamètres supérieur et inférieur, d'où l'on déduit le diamètre moyen de la manière suivante :

Diamètre supérieur.............. 524^{mm} ;
Diamètre inférieur.............. 645^{mm} ;
Diamètre moyen................. 584^{mm},5.

L'entre-axe de 2^m,26 correspond à 7^{p}2^{p}3^d = 2^m,2678, en donnant au pied une longueur de 295^{mm} seulement.

D'un autre côté, le quart de 7^{p}2^{p}3^d est égal à 1^{p}3^{p}3^d, et enfin, cette longueur de 1^{p}3^{p}3^d correspond à 572^{mm}, c'est-à-dire à un diamètre *moyen*.

Il est donc parfaitement permis de le croire, le diamètre *moyen* des colonnes du Forum de Pompéi est égal au quart de l'intervalle qui sé-

---

que toutes les autres valeurs correspondent fort exactement à une longueur de 296^{mm}.
En adoptant le système de traduction de l'auteur, il aurait fallu trouver :

Pour le temple de Junon..................... $\frac{4440}{296}$ = 15^p,00 ;
Pour celui de Minerve...................... $\frac{10000}{296}$ = 33^p,98 ;
Et enfin, pour l'ordre Ionique du théâtre de Marcellus. $\frac{7100}{296}$ = 23^p,99.

La première valeur obtenue en opérant de la sorte est incontestable, et les deux autres ne seront pas moins rigoureuses, si l'on consent à prendre :

Pour le temple de Minerve........ 34^p au lieu de 33^p,98,
Et pour le théâtre de Marcellus..... 24^p au lieu de 23^p,99 ;

car la valeur de 296^{mm} attribuée *à priori* au pied romain n'est pas tellement obligatoire qu'il puisse être défendu de lui enlever *un ou deux dixièmes de millimètre* dans une circonstance donnée. Il est même permis de dire que cette valeur peut être réduite, sans inconvénient, dans la pratique, jusqu'à 295^{mm}, ou bien élevée, s'il le faut, jusqu'à 297^{mm}, quoique la longueur normale du pied romain puisse être considérée comme effectivement égale à 296^{mm}.

D'un autre côté, il n'est pas difficile de comprendre que les fractions du pied romain ne doivent pas être exprimées pratiquement en *centièmes*, et qu'il est rigoureusement né-

parc les axes de ces colonnes, et, par conséquent, ce diamètre moyen correspond au module, aussi bien dans le cas actuel que dans tous ceux dont nous avons eu à nous occuper jusqu'ici (1).

cessaire de les traduire toutes en palmes d'abord, et ensuite, s'il y a lieu, en onces ou en dactyles; ce qui permet d'établir avec certitude les rectifications suivantes :

DÉSIGNATION DES ÉDIFICES.	HAUTEUR DES COLONNES		Valeurs diverses du pied romain.	VÉRIFICATIONS.
	en mètres.	en pieds romains.		
Temple de Junon............	4m,44	15p	296mm	296×15 = 4m,440
Temple d'Hercule............	6m,19	21p	295mm	295×21 = 6m,195
Temple de la Fortune........	8m,10	27p2p	295mm	295×27,5 = 8m,112
Temple de Minerve..........	10m,06	34p	296mm	296×34 = 10m,064
Temple de Vesta............	7m,13	24p	297mm	297×24 = 7m,128
Théâtre de Marcellus (ordre dorique)	7m,76	26p1p	296mm	296×26,25 = 7m,770
Le même théâtre (ordre ionique)....	7m,10	24p	296mm	296×24 = 7m,104
Panthéon..................	14m,18	48p	296mm	296×48 = 14m,208
Temple d'Antonin...........	14m,85	50p	297mm	297×50 = 14m,850

Qui ne voit, d'ailleurs, que les colonnes corinthiennes du temple de Vesta ont réellement 24p de hauteur aussi bien que les colonnes ioniques du Théâtre de Marcellus, quoiqu'on trouve pour les premières 7m,13, et pour les secondes 7m,10 seulement? Qui ne voit aussi que ces dernières colonnes sont contenues deux fois dans la hauteur des colonnes du Panthéon, et qu'ainsi les colonnes de ce dernier monument mesurent réellement 48p, quoiqu'on ne trouve pour expression de leur hauteur que 14m,18, dont la moitié est seulement égale à 7m,09 au lieu de 7m,10?

(1) Des expressions telles que 7p2p3d pour l'entre-axe, et 1p3p3d pour le diamètre moyen servant de module, peuvent paraître, au premier abord, fort étranges, et il est très-vraisemblable, en effet, que ces dimensions devraient correspondre normalement à 8p et à 2p.

Malgré cela, il n'est pas difficile de comprendre qu'une circonstance quelconque a pu forcer l'architecte à réduire l'expression des entre-axes de 8p à 7p2p3d, et qu'alors il a été conduit naturellement à réduire aussi l'expression du diamètre moyen au quart de 7p2p3d, c'est-à-dire rigoureusement à 1p3p2d 3/4, et pratiquement à 1p3p3d.

COLONNES IONIQUES DU TEMPLE DE L'ESPÉRANCE, A ROME.

(Planche 22, fig. 3.)

Diamètre supérieur.... 726mm soit 2p1p3d = 721mm,5 (1).
Diamètre inférieur.... 936mm soit 3p0p3d = 943mm,5
Diamètre *moyen*...... 831mm soit 2p3p1d = 832mm,5
Hauteur des colonnes................. 8m,712
Hauteur de l'entablement............. 2m,117
Hauteur totale...................... 10m,829

Ce qui donne, en continuant à prendre le rayon *moyen* pour module :
Pour la hauteur des colonnes :
24 modules ou 29p2p0d1/2, soit....... 29p2p0d = 8m,732.
Pour celle de l'entablement :
5 modules ou 7p0p0d1/2, soit....... 7p0p1d = 2m,090.
Et pour la hauteur totale :
26 modules ou 13 diamètres moyens, soit 36p2p1d = 10m,822.

C'est donc sur le diamètre *moyen* qu'il faut chercher le module, pour le temple de l'Espérance, comme pour tous les autres monuments.

COLONNES IONIQUES DU THÉATRE DE MARCELLUS.

(Même planche, fig. 4.)

Le diamètre inférieur est égal à 812mm soit 2p3p = 814mm (1).
Le diamètre supérieur à...... 672mm soit 2p1p = 666mm
Le diamètre *moyen* à........ 742mm soit 2p2p = 740mm
Et la hauteur des colonnes à. 7m,099.

Par conséquent, il est permis d'admettre que cette hauteur correspond, en théorie, à 9 diamètres 1/2, soit 23p3p, et, en pratique, à 24p = 7m,104, au lieu de 7m,099 (Différence 5mm) et qu'ainsi le module coïncide, une fois de plus, avec le diamètre *moyen*.

Il importe de rappeler en outre qu'on a déjà trouvé, pour les colonnes doriques du même théâtre, une hauteur théorique de 26p1p3d

(1) En conservant toujours au pied romain la valeur de 296mm.

réduite pratiquement à 26ᵖ1ᵖ ; tandis que nous trouvons actuellement, pour les colonnes ioniques, une hauteur théorique de 23ᵖ3ᵖ *élevée* pratiquement à 24ᵖ, de telle sorte que ces deux tempéraments se compensent finalement l'un par l'autre, à un dactyle près.

TEMPLE CIRCULAIRE DE VESTA, A TIVOLI.
(Planche 23.)

Voici quelles sont les dimensions assignées aux colonnes de ce temple :

Diamètre supérieur............ 655 mm ;
Diamètre inférieur............ 754 mm ;
Et, par conséquent, diamètre *moyen* 704 mm,5 ;
Hauteur des colonnes.......... 7 m,132.

Ces dimensions ne peuvent être traduites, en mesures romaines, que de la manière suivante, en donnant au pied 297 mm.

Diamètre supérieur 2ᵖ0ᵖ3ᵈ = 650 mm — (Différence 5 mm),
Diamètre inférieur 2ᵖ2ᵖ1ᵈ = 760 mm — (Différence 6 mm),
Diamètre *moyen*.. 2ᵖ1ᵖ2ᵈ = 705 mm — (Différence 0 mm,5),
Hauteur........ 24ᵖ   = 7 m,128 — (Différence 4 mm),

et il suffit, soit de comparer entre elles les expressions des trois diamètres, soit surtout de remarquer que le 10ᵉ de 24ᵖ est rigoureusement égal à 2ᵖ1ᵖ2ᵈ2/5, pour demeurer convaincu que c'est bien réellement en prenant le 10ᵉ de la hauteur des colonnes que le diamètre *moyen* a été fixé, dans la pratique, à 2ᵖ1ᵖ2ᵈ.

TEMPLE DE MINERVE, A ASSISE.
(Planche 24.)

Ce monument est aussi intéressant à étudier que le temple de la Fortune Virile, et l'argument qu'on en déduit est plus concluant encore.

Le premier entre-axe à gauche mesure............... 2 m,900
Le second à la suite............................... 2 m,925
Le troisième au milieu............................. 3 m,030
Le quatrième...................................... 2 m,991
Et le cinquième................................... 2 m,920
La longueur totale des cinq entre-axes est donc égale à 14 m,766

et correspond, par conséquent, à 50^p de 295^{mm} l'un, produisant une longueur exacte de 14^m,750.

Toute l'économie de la construction dérive de là, ainsi qu'on va le voir.

Chacun des cinq entre-axes se trouve d'abord *théoriquement* égal à 10^p ; et, comme le monument est systyle, le diamètre *moyen* des colonnes a dû être fixé, toujours en théorie, à $\frac{10^p}{3}$ = 3^{p}1^{p1}1^{d}1/3.

Mais, dans la pratique, ce diamètre s'est trouvé réduit à 3^{p}1^{p1}1^d, de sorte que les entre-axes, que l'on a voulu conserver *rigoureusement* égaux à *trois diamètres moyens*, n'ont eu que 9^{p}3^{p1}3^d au lieu de 10^p, et qu'enfin, l'entre-axe central, forcément augmenté des quatre dactyles ainsi retranchés aux quatre entre-axes latéraux, s'est trouvé lui-même finalement porté à 10^{p}1^p au lieu de 10^p.

En résumé, il faut compter :

Pour le 1er entre-axe, à gauche.	9^{p}3^{p1}3^d = 2^m,9315	au lieu de 2^m,900
Pour le 2e entre-axe.........	9^{p}3^{p1}3^d = 2^m,9315	au lieu de 2^m,925
Pour l'entre-axe central......	10^{p}1^{p1}0^d = 3^m,0240	au lieu de 3^m,030
Pour le 4e entre-axe.........	9^{p}3^{p1}3^d = 2^m,9315	au lieu de 2^m,991
Et pour le 5e et dernier entre-axe	9^{p}3^{p1}3^d = 2^m,9315	au lieu de 2^m,920
Ensemble........	50^p = 14^m,750	au lieu de 14^m,766

Toutefois, pour que ces explications soient admissibles, il est indispensable que le diamètre *moyen* des colonnes corresponde en réalité à 3^{p}1^{p1}1^d. Or, voici les dimensions qui nous sont données :

Diamètre supérieur 0^m,920, soit — 3^{p}0^{p1}2^d = 0^m,922 ;
Diamètre inférieur 1^m,030, soit — 3^{p}2^{p1}0^d = 1^m,032 ;

d'où l'on déduit, en effet, pour le diamètre moyen :

0^m,975, soit — 3^{p}1^{p1}1^d = 0^m,977.

Est-il nécessaire maintenant de prolonger cette discussion ?

Faut-il ajouter que la hauteur des colonnes est égale à.... 10^m,060
et celle de l'entablement à............................... 1^m,749

ce qui donne, pour la hauteur totale de la construction.... 11^m,809

soit 40^p de 295^{mm} l'un, ou 11^m,800 ?

Faut-il faire remarquer, enfin, que cette hauteur totale de 40ᵖ correspond à quatre entre-axes de 10ᵖ, ou en d'autres termes à 12 diamètres *moyens*?

Nous craindrions véritablement de faire injure à nos lecteurs, en insistant davantage.

COLONNES DU MONUMENT DE LYSICRATES, A ATHÈNES.
(Planche 25, fig. 1).

Les dimensions de ces colonnes sont les suivantes :
Diamètre supérieur 300ᵐᵐ;
Diamètre inférieur. 335ᵐᵐ;
Hauteur......... 3ᵐ,540 ;
et, comme l'expression du diamètre *moyen*, déduite des deux valeurs précédentes, est égale à 317ᵐᵐ,5, on voit tout de suite que cette dernière expression correspond, à très peu près, à la 11ᵉ partie de la hauteur de la colonne; que, par conséquent, si cette hauteur n'est pas rigoureusement égale à 11 diamètres *moyens*, c'est encore une fois par l'effet d'un tempérament. Quel est-il? comment a-t-il été opéré ?

Ni le diamètre moyen, ni les diamètres supérieur et inférieur des colonnes ne peuvent être exprimés *exactement* en unités grecques. Le diamètre supérieur égal à 300ᵐᵐ est certainement plus petit que 1ᵖ et plus grand que 15 dactyles; le diamètre moyen égal à 317ᵐᵐ,5 est, à son tour, sans le moindre doute, plus grand que 1ᵖ et plus petit que 17 dactyles; il est donc nécessaire d'admettre des valeurs fractionnaires motivées par la forme circulaire du monument qui ne laissait pas à l'architecte la faculté de déterminer à son gré l'espacement régulier des entre-axes.

Ces mesures fractionnaires une fois admises, voici comment les dimensions données nous semblent devoir être traduites en mesures grecques, en attribuant au pied une longueur de 308ᵐᵐ :
Diamètre supérieur...... 15ᵈ 1/2 = 298ᵐᵐ,4 au lieu de 300ᵐᵐ
Diamètre moyen......... 16ᵈ 1/2 = 317ᵐᵐ,6 au lieu de 317,5ᵐᵐ
Diamètre inférieur ...... 17ᵈ 1/2 = 336ᵐᵐ,8 au lieu de 335ᵐᵐ

Mais s'il en est ainsi, comme nous le croyons, la hauteur des colonnes, égale à 11 diamètres *moyens*, doit correspondre théoriquement à 11ᵖ1⁺ᵈ1/2, et pratiquement à 11ᵖ2ᵖ, soit 3ᵐ,542, au lieu de 3ᵐ,540.

Du reste, alors même qu'on n'admettrait pas cette traduction, il n'en faudrait pas moins reconnaître que la hauteur totale des colonnes a été réglée en fonction du diamètre *moyen*, dans le cas actuel, comme dans tous les autres.

COLONNES DE L'ARC DE TRIOMPHE DE TITUS.
(Planche 25, fig. 2).

Ces colonnes mesurent : dans le haut............ 560ᵐᵐ ;
Et dans le bas............ 625ᵐᵐ ;

Par conséquent, leur diamètre moyen est égal à 592ᵐᵐ,5, expression qui ne peut correspondre qu'à 2ᵖ romains antiques de 296ᵐᵐ l'un ; de sorte que les diamètres supérieur et inférieur des colonnes doivent être traduits, à leur tour, en mesures romaines de la manière suivante :

Diamètre supérieur : 1ᵖ3ᵖ2ᵈ = 555ᵐᵐ, au lieu de 560ᵐᵐ (Différ. 5ᵐᵐ) ;
Diamètre inférieur : 2ᵖ0ᵖ2ᵈ = 629ᵐᵐ, au lieu de 625ᵐᵐ (Différ. 4ᵐᵐ).

Quant à la hauteur des colonnes, fixée à 6ᵐ,280, nous croyons qu'elle ne peut correspondre qu'à 21ᵖ = 6ᵐ,216 ; et on doit admettre cette valeur avec d'autant plus de raison que rien n'empêche de supposer le pied romain plus grand que 296ᵐᵐ.

S'il en est réellement ainsi, les colonnes de l'arc de triomphe de Titus ont 21ᵖ de hauteur totale, 2ᵖ de diamètre *au milieu*, 2ᵖ plus 2 dactyles de grosseur dans le bas et 2ᵖ moins 2 dactyles de grosseur dans le haut.

En faut-il plus pour établir que le module de ces colonnes est précisément égal à l'unité métrique linéaire, que leur diamètre *moyen* correspond à 2 modules, et leur hauteur à 21 modules ou 10 diamètres et demi ?

Ce dernier exemple ne montre-t-il pas surtout, une fois de plus, combien il est avantageux de se servir des mesures antiques, lorsqu'on veut se livrer, avec quelque chance de succès, à l'étude des monuments de l'antiquité ?

COLONNES CORINTHIENNES DU COLISÉE.
(Planche 25, fig. 3.)

La difficulté n'est pas plus grande, pour ce dernier exemple, que pour les précédents et l'éloquence des chiffres reste toujours la même.

On donne, en effet, à ces colonnes : dans le haut .... 830^{mm}
dans le bas........ 870^{mm}
Et, par conséquent, au milieu....... 850^{mm}
Quant à leur hauteur, elle est égale à............. 7^m,860

En traduisant ces longueurs en pieds romains de 296^{mm} l'un, on trouve :

Diamètre supérieur. $2^p3^p1^d = 832^{mm},5$ au lieu de 830^{mm};
Diamètre moyen.... $2^p3^p2^d = 851^{mm}$ — 850^{mm};
Diamètre inférieur.. $2^p3^p3^d = 869^{mm},5$ — 870^{mm};
Hauteur des colonnes $26^p2^p = 7^m,844$ au lieu de $7^m,860$.

Après cela, comment ne pas voir qu'il serait impossible d'accepter pour module, dans un pareil monument, une longueur telle que $2^p3^p3^d$?

Comment refuser de reconnaître, surtout, que 11 fois $2^p3^p2^d$ correspondent, exactement et en théorie, à $26^p4^p1^d$; mais, en pratique, à 26^p2^p; d'où il suit, d'abord, que le module se trouve encore une fois sur le diamètre moyen, et, en second lieu, que la hauteur des colonnes est égale à 22 modules ou 11 diamètres *moyens*.

Les deux indications suivantes sont encore données dans le texte du *Traité d'Architecture* auquel nous empruntons nos dimensions. (Voyez le 1er volume de la 2e édition, page 204.)

COLONNES CORINTHIENNES DU PANTHÉON DE ROME.

Diamètre inférieur........................... 1^m,460;
Diamètre supérieur.......................... 1^m,291;
Et, par conséquent, diamètre moyen........ 1^m,375,5;
Hauteur.................................... 14^m,180.

Cette hauteur correspond incontestablement à 48ᵖ de 296ᵐᵐ l'un, soit à 14ᵐ,208.

Quant aux dimensions horizontales des colonnes, elles ne peuvent être traduites, en mesures antiques, que de la manière suivante, si le pied correspond en effet à 296ᵐᵐ.

Diamètre inférieur 4ᵖ3ᵖ3ᵈ = 1ᵐ,4615 au lieu de 1ᵐ,460 (Diff. 1ᵐᵐ,5)
Diamètre supérieur 4ᵖ1ᵖ1ᵒ = 1ᵐ,2765 au lieu de 1ᵐ,291 (Diff. 14ᵐᵐ,5)
Diamètre moyen... 4ᵖ2ᵖ2ᵈ = 1ᵐ,3690 au lieu de 1ᵐ,3755 (Diff. 6ᵐᵐ,5)

Et maintenant, comme 10 fois 1/2 4ᵖ2ᵖ2ᵈ donnent 48ᵖ2ᵖ1ᵈ, et comme néanmoins la hauteur totale des colonnes ne peut être réglée, *pour de pareilles dimensions*, qu'en nombres ronds de pieds, nous croyons qu'il faut considérer la hauteur de 48ᵖ comme déduite du diamètre *moyen* plutôt que du diamètre de la base ; car dix fois ce dernier diamètre ne donnerait qu'une longueur de 46ᵖ1ᵖ2ᵈ, qui resterait beaucoup trop éloignée de la hauteur réelle de la colonne.

COLONNES CORINTHIENNES DU TEMPLE D'ANTONIN, A ROME.

Diamètre supérieur.......................... 1ᵐ,288
Diamètre inférieur........................... 1ᵐ,445
Diamètre moyen............................. 1ᵐ,3665
Hauteur..................................... 14ᵐ,850

Cette dernière hauteur, exprimée en mesures romaines, est certainement égale à 50ᵖ de 297ᵐᵐ l'un (50 × 297ᵐᵐ = 14ᵐ,85).

Par conséquent, il ne faut pas hésiter à compter :
Pour le diamètre supérieur... 4ᵖ 4ᵒ = 1ᵐ,2870 au lieu de 1ᵐ,288
(Différence 1ᵐᵐ) ;
Pour le diamètre inférieur.... 4ᵖ10ᵒ = 1,4355 au lieu de 1ᵐ,445
(Différence 9ᵐᵐ,5) ;
Et pour le diamètre moyen... 4ᵖ 7ᵒ = 1,3612 au lieu de 1ᵐ,3665
(Différence 5ᵐᵐ,3).

D'un autre côté, comme il est facile de voir que 11 fois 4ᵖ7ᵒ correspondent rigoureusement à 50ᵖ5ᵒ, il nous semble parfaitement certain que la hauteur théorique des colonnes du temple d'Antonin doit être égale à 11 fois le diamètre *moyen* de ces colonnes.

En résumé, il nous parait hors de doute que les hauteurs des colonnes du Panthéon et du temple d'Antonin ont été fixées, *à priori*, les premières à 48ᵖ, et les secondes à 50ᵖ ; que leurs diamètres *moyens* ont été réglés ensuite en divisant ces hauteurs totales, dans le premier cas en 10 parties 1/2, et dans le second en 11 parties; ce qui a donné d'une part 4ᵖ1ᵖ1ᵈ, et de l'autre 4ᵖ7ᵒ ; enfin, que les diamètres inférieurs et supérieurs ont été réglés, à leur tour, en ajoutant et retranchant, dans le premier cas 5 dactyles, et dans le second 3 onces.

Nous avons épuisé la série des monuments rapportés dans le *Traité d'Architecture* de M. Léonce Reynaud, et notre tâche se trouve ainsi complète. Puisse le travail dont nous venons de rendre compte porter la conviction dans tous les esprits comme dans le nôtre. Puisse-t-il suffire à vaincre cette déplorable routine du module pris sur le diamètre inférieur des colonnes, qui paralyse depuis si longtemps les efforts de tous ceux auxquels l'étude de l'architecture antique présente encore de l'attrait. Puisse-t-il surtout leur éviter, au moins en partie, cette longue série de tâtonnements et de calculs qui n'a pas rebuté notre patience, lorsque nous avons voulu démontrer la généralité d'une loi à laquelle certains exemples paraissaient donner une grande probabilité, mais que d'autres pourtant *semblaient* contredire, jusqu'au moment où l'emploi des mesures antiques nous a permis de constater enfin, avec exactitude, le véritable rôle joué par la méthode des tempéraments indiquée, dans tous les cas, par la raison, et recommandée ensuite, surabondamment, par Vitruve, pour faire disparaître les inconvénients inhérents à l'emploi des mesures fractionnaires.

www.ingramcontent.com/pod-product-compliance
Lightning Source LLC
LaVergne TN
LVHW021703080426
835510LV00011B/1556